KB206819

행동은 어디까지 유전될까?

행동과 습관을 지배하는 유전자의 비밀

행동은 어디까지 유전될까?

야마모토 다이스케 지음 · 이지윤 옮김

바다출판사

서문

생물학의 '마지막 개척지'라 불리는 뇌의 활동은 얼마나 밝혀졌을까? 인간 게놈을 해독하고 동물 복제가 이루어질 정도로 과학이 발전한 지금, 뇌 활동의 메커니즘도 머지않아 밝혀지길 많은 과학자들이 고대하고 있다.

뇌를 안다는 것은 마음의 수수께끼를 푼다는 뜻이다. 왜 수학을 못하는지, 왜 학교에 가기 싫은지, 왜 바로 화부터 내는지 등 일상 속 '왜'에 대한 해답을 모두 손에 넣을 수 있다. 그리고 누군가를 좋아하는 마음이 왜 생기는지와 같은 불가사의에 대한 답도 얻게 된다.

마음이 인간이라는 생물에게만 부여된 특별한 것이라 하더라도 마음의 원천인 뇌라는 구조가 동물들 속에서 계속 진화해 왔고, 마침내 인간의 마음을 만들어 냈다는 것은 틀림없다.

동물의 행동을 관찰하면 동물이 가진 마음의 원천이 무엇인지 연구할 수 있다. 그것이 '행동학'이다. 생물학 최후의 과제가 뇌를 해명하는 일이라면, 이는 결국 행동학에서 지향하는 목표가 마지막 개척지로 남아 있는 것이다.

생물학은 생물이 어떻게 태어나 복잡하게 변했고 어떻게 '살아가는가'를 연구하는 모든 분야를 포괄하는 학문이다. 진화의 역사는 오늘날 살아 있는 생물체 속에 새겨져 있다. 생물체는 변화를 거듭하는 과정에서 그 기능이 복잡해졌고, 그 복잡한 체계를 제어하는 구조로써 뇌가 태어났으며, 그 뇌가 마음을 만들어 냈다.

생물 속에 진화의 역사가 각인되는 이유는 변화를 새겨 넣고 그것을 다음 세대로 전하는 매개체인 유전자가 존재하기 때문이다. 즉, 어떤 의미에서 보면 생물의 탄생은 유전자의 탄생과 같다. 그런 변화의 매개체인 유전자가 진화한 끝에 마침내 뇌를 만들었고, 우리에게 마음을 안겨 주었다. 일상 속 고민이나 감동, 그리고 사랑마저도 유전자와 뇌의 진화에서 이루어졌다.

행동과 마음을 만드는 뇌의 구조를 해명하는 일이 지금에서야 겨우 현실적인 과제가 된 이유는 오랜 세월 동안 진행되어 온 생물학 연구가 그 앞을 가로막고 있던 장애물들을 모두 없앴기 때문이다. 즉, 유전자라는 개념이 생기고 그 실체가 무엇인지 판명되었으며, 더 나아가 유전자가 어떤 방법으로 몸의 활동을 유지하는지 밝혀졌기 때문에 오늘날 구체적인 행동과 심리 연구가 가능해졌다.

또한 뉴런 회로가 뇌의 활동을 유지한다는 인식이 생기고 그 회로 속 신호의 정체가 해명됐다. 이후 유전자와 뇌의 접점을 명확히 이해했기 때문에 지금의 행동과 마음 연구의 길이 열렸다.

이 책에서는 이런 이해를 바탕으로 유전자와 뇌 신경계의 현대적

이해를 이끌어 낸 많은 생물학적 발견, 이론, 역사를 추적해 본다. 예를 들어 아리스토텔레스, 다윈, 멘델처럼 누구나 알고 있는 위인들의 이야기도 있다. 호지킨, 헉슬리, 왓슨, 클릭 등 현대의 거장들도 등장한다. 그리고 행동과 뇌를 연계한 연구 분야에서 향후의 전개를 예언하고 새로운 방향성을 드러낸 연구를 몇 가지 소개한다. 내가 현재 진행 중인 성행동, 유전자, 뇌를 연결한 최신 연구 성과도 담았다.

이 책 마지막 페이지 뒤에 이어질 미래의 많은 이야기들은 다름 아닌 독자 여러분이 만들어 갈 것이다. '생물학'을 암기 과목으로만 생각하고 멀리하는 사람들이 생물학 발전의 역사 속에 새겨진 감동의 나날을 통해 '생물'을 재미있게 느낀다면 뜻밖의 기쁨일 것이다.

야마모토 다이스케

차례

제1장

동물을 보면 사람이 보인다

동물을 보면 사람이 보인다

세계 각지에 남아 있는 동굴 벽화(그림 1-1)에는 바이런, 사슴, 말, 순록 등 다양한 동물들이 생동감 넘치는 모습으로 그려져 있다. 현재 알려진 가장 오래된 벽화로는 프랑스 남부 아르데슈 지방의 '쇼베 동굴 벽화'로 지금부터 약 3만 2000년 전에 그려진 것이다. 이 벽화를 그린 크로마뇽인은 수렵 생활을 바탕으로 동물들의 행동 양식을 숙

그림 1-1 **라스코 동굴 벽에 그려진 동물 그림**
구석기시대 후기의 것으로 보인다.

그림 1-2 **동물행동 연구의 시조로 알려진 아리스토텔레스**

지하고 있었다. 아마 오늘날의 동물행동학자들보다도 동물의 행동에 정통했을 것이다. 실생활 속 필요성에서 나온 지식이었다.

이와는 대조적으로 동물의 행동 구조를 계통적으로 조사하는 작업, 즉 '과학으로서 동물행동 연구'의 시초는 그리스의 아리스토텔레스(그림 1-2)로 거슬러 올라간다. 아리스토텔레스가 남긴 동물 그림이나 기록은 질적으로나 양적으로 타의 추종을 불허하며 그 수준도 아주 뛰어나다.

하지만 동물의 행동과 관련된 아리스토텔레스의 기술에는 의인화가 눈에 띈다. 그는 "행동은 목적을 가지고 이루어진다."는 목적론적 해석을 펼쳤다. 그리고 생물의 특질은 'vis vitalis' 또는 'psyche'라고 불리는 신비한 '생명소生命素'에서 유래한다고 주장했다. 이런 신비주의적 생명관이 '생기론vitalism'이다.

아리스토텔레스의 학설은 그 후 2000년 가까이 사람들의 생각을 지배했지만 16세기에 들어 비로소 변화의 조짐이 나타났다. 그 변화를 이끈 중심 인물이 프랑스의 철학자 데카르트인데, 그는 동물은 자연이 만들어 낸 기계라고 인식하는 '기계론'을 펼쳤다. 데카르트는 심리적 과정을 신체와는 독립된 것으로 해석하는 '심신이원론'을 내세웠다. 데카르트는 신체 기능에 대해서는 합리적인 생각을 제시한 반면 심리적 과정은 영혼을 바탕으로 설명했기 때문에 기독교적 세계관과 충돌하지 않았다.

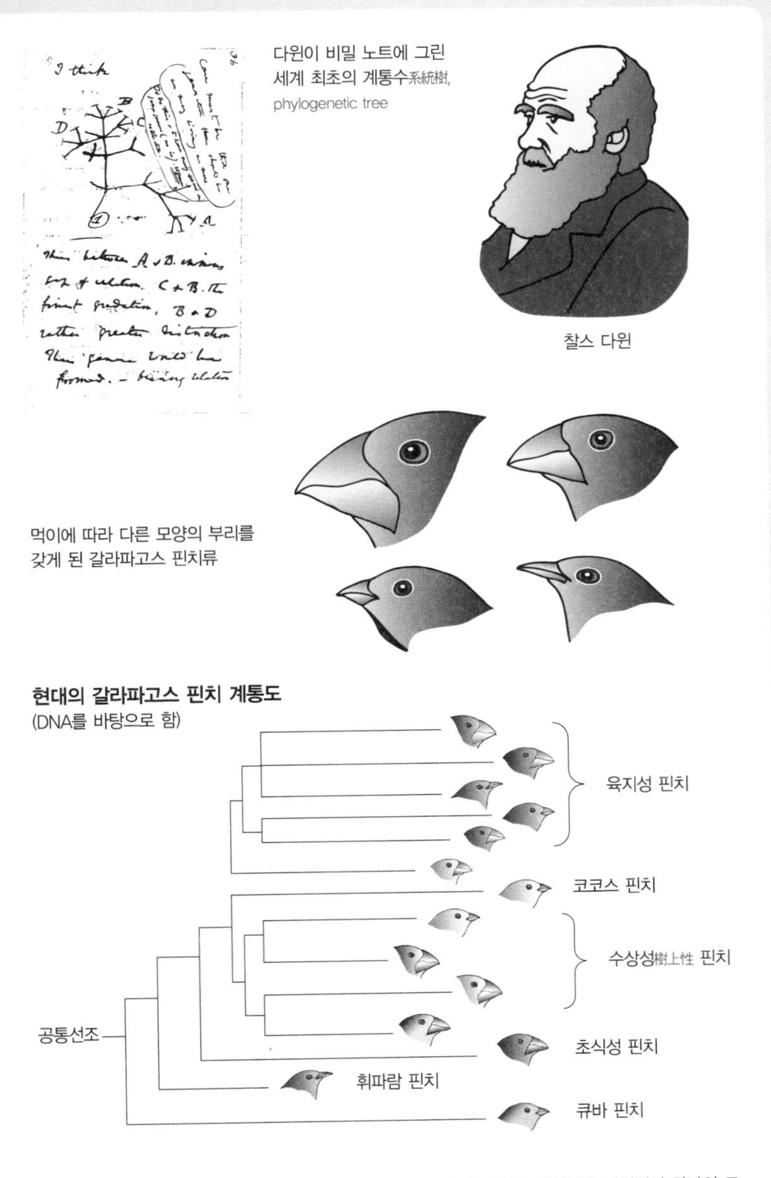

비글호를 타고 찾은 남아메리카 제도에서 본 생물의 다양한 모습은 다윈이 진화론을 발전시킨 하나의 토대가 되었다.

그림 1-3 **다윈의 '종의 기원'**

진화론과 유전자의 탄생

모든 생명 현상을 물질적 과정으로 이해하는 견해가 등장하기까지는 또다시 200년이라는 세월이 흘렀다. 1858년, 찰스 다윈(그림 1-3)은 《종의 기원》을 발간해 생물이 세밀한 변화를 반복하면 생존에 더 유리한 형질을 야기하는 변이가 집적되고, 점차 그 성질이 변화한다고 설명했다. 즉, 생물은 스스로 진화한다는 것이다. 사람도 생물 진화의 소산이며 원숭이의 일종에서 유래했다고 주장하는 이 학설은 기독교의 창조설을 정면으로 부정하는 것이었다.

이 시대에 이루어진 발견 중에는 오늘날 생물학에 확고한 토대를 제공한 것들이 다수 포함되어 있다. 그중 하나가 그레고어 멘델(그림 1-4)의 '유전법칙'의 발견이다. 수도사였던 멘델은 브르노(현재 체코령)의 수도원 정원에서 순수한 계통의 완두콩을 길러 콩의 표면이 매끄러운지 쭈글쭈글한지, 노란색인지 녹색인지, 키가 큰지 작은지 등 여러 가지 성질이 유전하는 모양을 정량적으로 연구했다.

그 결과, 오늘날 '멘델의 법칙'으로 불리는 유전의 원리를 이끌어냈다. 멘델은 개개의 형질을 만드는 입자가 부모 세대에서 다음 세대로 전해지고, 그 입자들은 섞이지 않은 채 다음 세대 속에서 공존하며, 그중 한쪽의 형질이 발현한다고 가정함으로써 실제 유전 양식을 설명할 수 있음을 입증했다.

그 성과는 1866년 《브르노 자연과학협회지》에 발표됐지만 이른바 1900년 '멘델의 재발견'까지 관심을 받지 못했다. 멘델이 가정한 이 입자야말로 오늘날 우리가 '유전자'라고 부르는 것이다.

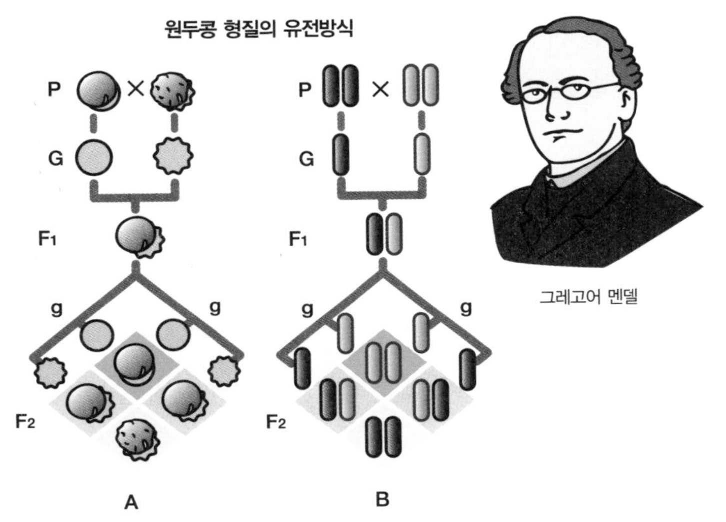

우성인 원형과 열성인 주름. P는 부모 세대, G는 그 배우자형, F1은 잡종 제1세대, g는 그 배우자형, F2는 잡종 제2세대.

A의 유전을 염색체의 배분방식으로 표기한 것.

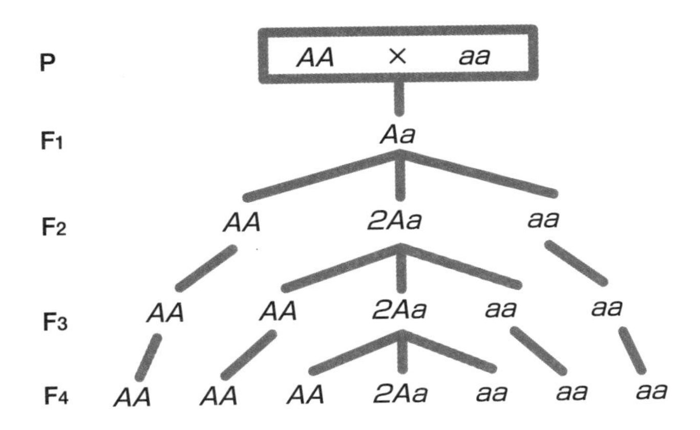

우성 대립 유전자 A와 열성 대립 유전자 a, 각각의 동형접합체를 교배해 나갈 경우 자손에게 나타나는 유전자형과 그 배합

그림 1-4 **멘델의 '유전법칙'**

진화론 삼총사

오늘날 진화론의 뼈대가 된 또 하나의 발견은 다윈과 멘델의 등장보다 약간 늦은 1901년, 네덜란드의 휘고 드브리스(그림 1-5)에 의해 이루어졌다. 그는 순수 계통의 달맞이꽃을 이용해 멘델의 관찰을 재확인하는 실험을 했는데, 세대를 거듭하던 중 돌연히 꽃의 색이나 형태가 변한 종이 나타났고, 이후 그 변한 색과 형태가 세대를 넘어 전해지는 현상을 발견했다. 드브리스는 이것을 '돌연변이'라고 불렀다.

오늘의 진화론에서는 돌연변이가 유전자에서 무작위로 일어나 그 중 보다 많은 자손을 남기는 돌연변이가 자연의 선택을 받아 형질

그림 1-5 **드브리스의 '돌연변이'**

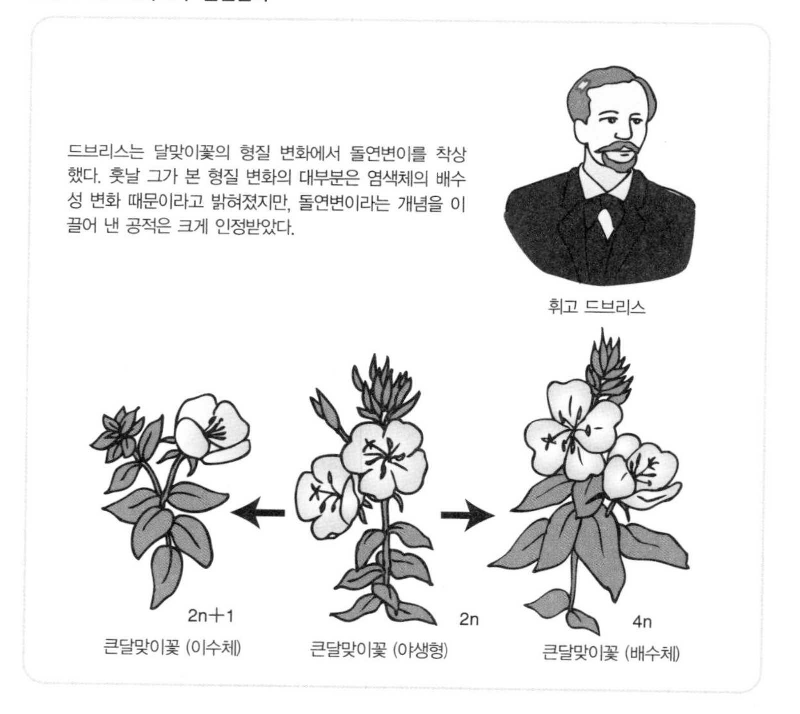

변화(진화)가 일어난다고 여긴다. 다윈의 자연선택, 멘델의 유전입자, 드브리스의 돌연변이라는 세 가지 요소를 바탕으로 현대 진화론이 세워졌다고 해도 과언이 아니다.

유전자의 역사를 바꾼 파리의 활약

멘델의 유전 입자가 현대의 유전자 형태로 넘어가는 전환점을 제시한 인물은 토머스 헌트 모건(그림 1-6)이었다. 그는 1910년경 별뜻 없이 노랑과실파리를 잡아 유전 연구를 시작했다.

예를 들어, 눈의 색이 본래의 빨간색(야생형)에서 흰색으로 변한 돌연변이체(백색돌연변이체)나 진한 갈색이어야 할 몸의 표면(각피)이 노랗게 변한 돌연변이체(노랑돌연변이체) 등을 실험실에서 찾아내어 그것이 세대를 거쳐 유전되는 양상을 연구했다.

그러자 많은 형질들이 멘델이 완두콩에서 찾아낸 법칙에 따라 다음 세대로 유전되었다. 하지만 전혀 예상치 못한 일들이 일어났다. 그중 가장 뜻밖이었던 것은 눈의 색이었다. 야생형(빨간 눈) 암컷과 흰 눈의 수컷을 교배시키자 새끼들은 모두 빨간 눈이었다. 흰 눈이 열성, 빨간 눈이 우성이라면 멘델의 법칙에서 예상할 수 있는 결과였다.

뜻밖의 결과는 교배하는 암수를 역으로 했을 때 일어났다. 흰 눈의 암컷과 야생형(빨간 눈) 수컷을 교배하자 새끼 암컷은 앞서 언급한 것과 마찬가지로 모두 빨간 눈이었던 반면, 새끼 수컷은 모두 흰 눈이었다. 즉 성별에 따라 나타나는 형질(표현형)이 달랐다.

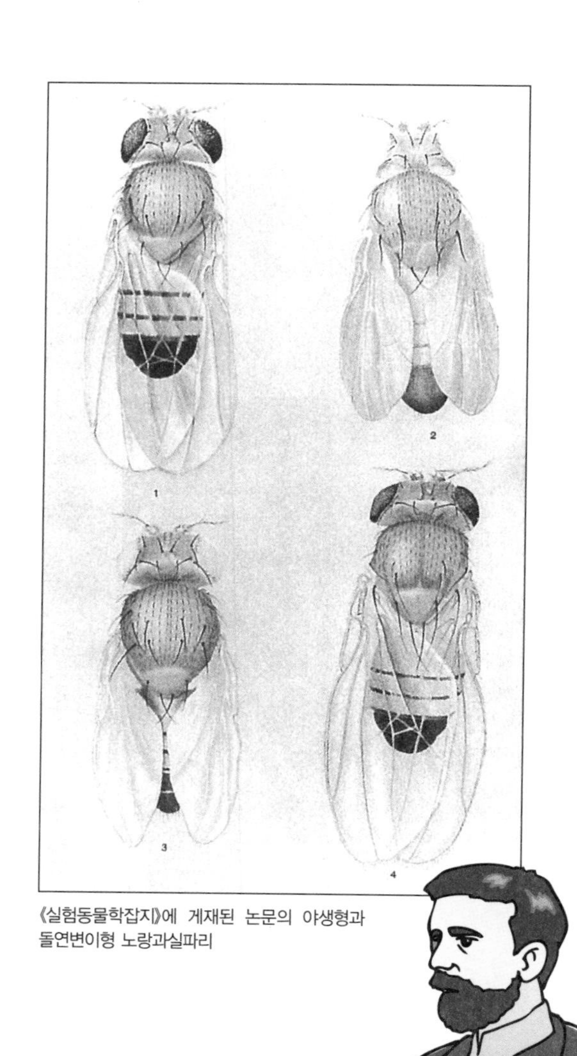

《실험동물학잡지》에 게재된 논문의 야생형과 돌연변이형 노랑과실파리

토마스 헌트 모건

그림 1-6 **토마스 모건이 발견한 노랑과실파리의 변이체**

유전자를 꿰뚫어 본 남자

열성이어야 할 흰색 눈이라는 형질이 수컷에만 나타나는 현상을 바탕으로 모건과 그의 제자였던 캘빈 브리지스(그림 1-7)는 유전자와 염색체의 관련성을 실제로 증명했다. 세포핵 속에는 실처럼 생긴 구조물인 '염색체'가 존재하는데 종에 따라 그 수가 일정하다는 것 그리고 정자와 난자에는 각각 염색체 수의 반이 전해지며 정자와 난자가 수정되면 본래의 수로 돌아간다는 것은 모건의 발견 50년 전부터 알려져 있었다. 하지만 그때까지만 해도 염색체의 역할은 완전한 불가사의였다. 두 부모로부터 자손에게 염색체가 분배되는 양상은 멘델이 가정한 유전입자의 전달 방법과 완전히 똑같았다.

염색체가 전달되는 이러한 방법은 암수 모두 거의 동일하지만 다른 점이 하나 있다. 성염색체(제1염색체)라고 불리는 한 쌍의 염색체가 있는데, 암컷은 X염색체 두 개의 조합인 반면 수컷은 X염색체 한 개와 Y염색체 한 개의 조합이라는 점이다. '성염색체' 외의 것들은 '상염색체'라 부르며 노랑과실파리의 경우 제2염색체, 제3염색체, 제4염색체가 있지만 이 상염색체에는 성별이 없다.

눈의 색을 결정하는 유전입자(유전자)가 X염색체에 들었다고 가정한다면, 빨간 눈의 어미는 야생형의 화이트 유전자(w^+)를 두 개의 X염색체 각각에 내포하고 있을 것이다. 그 상태를 'w^+ 동형접합'이라고 하며, 그 유전형을 'w^+/w^+'라고 표기한다. 한편, 흰 눈의 돌연변이체 수컷은 변이형 화이트 유전자(w^-)를 X염색체에 담고 있으며, 다른 한쪽의 성염색체는 Y염색체이기 때문에 화이트 유전자가 없다. 이 상태를 'w^- 반접합'이라고 하며 유전자형은 'w^-/Y'라고 표기한다.

이 암수 교배로 얻을 수 있는 자녀의 유전형은 암컷이면 'w^+/w^-'

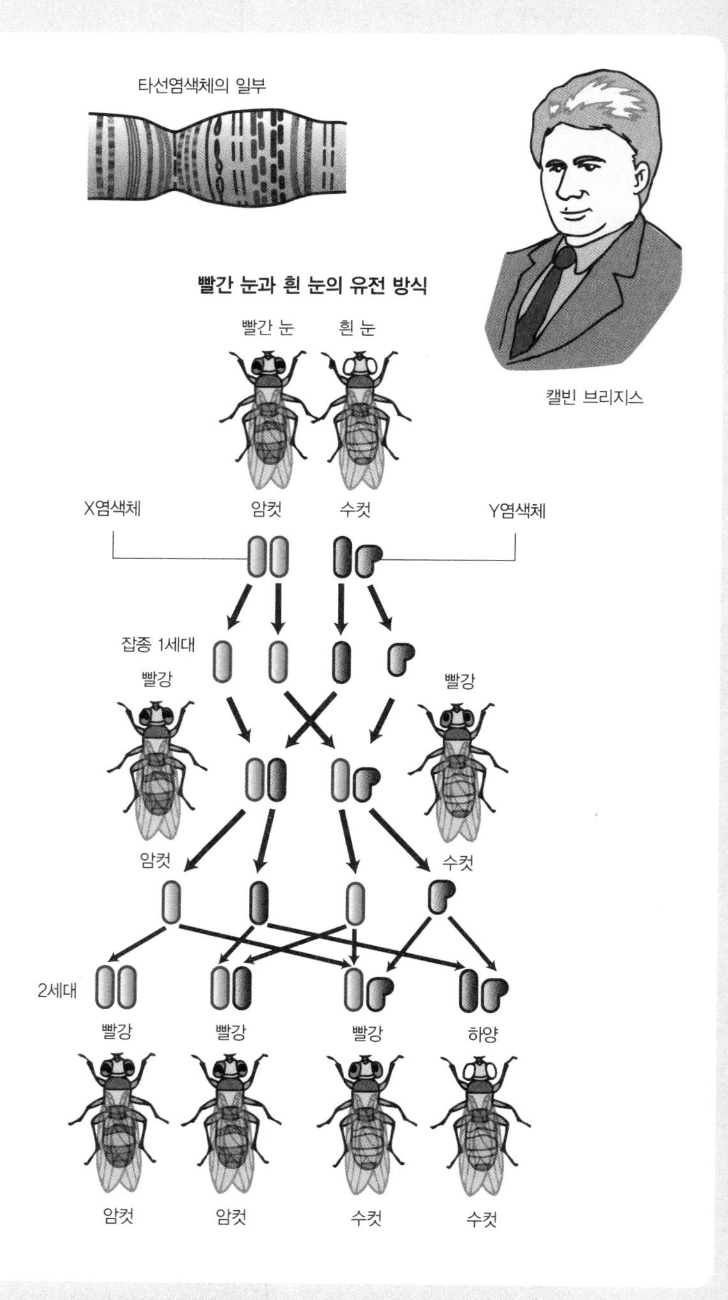

그림 1-7 **유전자가 염색체 상에 있다는 것을 입증한 브리지스**

이다. 다른 형끼리(한쪽은 야생형, 다른 한쪽은 변이형)의 조합에서 나오기 때문에 이들 암컷은 '이형접합' 이다. 야생형 w^+가 우성이면 외형(표현형)은 빨간 눈이 된다. 수컷의 새끼는 'w^+/Y' 가 되어 단 한 개뿐인 w^+성질이 그대로 나타나 빨간 눈이 될 것이다. 즉 수컷이든 암컷이든 새끼들은 모두 빨간 눈이다.

다음으로 암수 교배를 반대로 해본다. 흰 눈의 돌연변이형 암컷인 'w^-/w^-' 와 빨간 눈 야생형 수컷인 'w^+/Y' 를 교배한다. 그 새끼의 유전형을 보면 암컷은 'w^+/w^-' , 수컷은 'w^-/Y' 가 된다. 암컷은 이형접합이며 표현형은 빨간 눈이다. 반대로 수컷은 한 개뿐인 w^-의 성질이 그대로 나타나기 때문에 흰 눈이 된다.

또한 브리지스는 염색체 관찰을 통해 이런 방법으로 설명할 수 없는 극소수의 예외 개체일 경우, 두 개의 X염색체가 떨어질 수 없어 붙은 상태 그대로 새끼로 전해진 것을 알게 되었다(염색체 분리).

이렇게 해서 모건을 비롯한 다른 연구자들은 세포핵 속에 있는 염색체 속에 멘델이 말한 유전입자가 존재를 실험으로 입증하는 데 성공했다.

예측 불가능! 변화무쌍 유전자

1903년에 W. 스톤이 제창한 염색체상에 유전자가 있다는 생각을 모건과 다른 연구자들은 단 7년 만에 실제로 증명했다. 날개 모양이 변하거나 몸의 색상이 변하는 다양한 돌연변이(에 대응하는 유전자)가 X염색체의 움직임과 연동해 부모에서 자식으로, 자식에서 손자로 유전되는 것이 확인되었다.

모건은 이렇게 한 묶음의 유전자들의 움직임을 "X염색체에 연쇄

되어 유전한다."고 표현했다. 마찬가지로 다른 돌연변이(에 대응하는 유전자) 집단도 함께 유전되지만 X염색체 연쇄 집단과 꼭 함께 유전되지는 않았다. 이들 집단의 유전자는 상염색체인 제2염색체부터 제4염색체 중 하나에 들어 있다(연쇄되어 있다)고 여겨졌다.

하지만 잘 살펴보니 이 규칙에는 많은 예외가 있었다. 모친의 X염색체에 붙어 있던 두 개의 유전자가 그 자녀에서는 따로따로 떨어져 나타나는 경우가 있었다.

예를 들어 어미의 X염색체에 날개 끝 부분이 긁힌 듯이 나타나는 '넛치notch⁻' 라는 돌연변이와 몸의 색상이 노래지는 '옐로우yellow⁻' 라는 돌연변이가 붙어 있다고 하자. 만약 이 두 개가 항상 함께 유전된다면 그 모든 자녀들이 넛치와 옐로우를 모두 가져야 한다. 하지만 실제로 일부 자녀는 넛치만 있고 옐로우가 없었다. 또 옐로우는 있는데 넛치가 없는 자녀도 있었다. 물론 어미와 마찬가지로 넛치와 옐로우 양쪽을 모두 가진 자녀도 많았다.

X염색체에 붙어 있는 또 하나의 유전자 돌연변이인 흰 눈이 나타나는 화이트(w⁻)와 체색이 노랗게 나타나는 옐로우의 관계를 조사해 보면 옐로우는 넛치보다 화이트와 더 친밀했다. 즉 어미에게 옐로우와 화이트가 모두 있는 경우, 자녀들 대부분 역시 옐로우와 화이트 양쪽 모두를 보유했고(즉 흰 눈에 노란 몸), 옐로우와 화이트가 제각각 나타나는 자녀(흰 눈에 갈색 몸이거나 빨간 눈에 노란 몸인 개체)는 드물었다.

나란히 늘어선 유전자 이웃들

이 '난감한' 현상에서 훗날 유전자 연구에 필수적인 것이 될 일대

원리에 착안한 남자가 있었다. 모건이 지도한 학생 중 한 명이었던 A. H. 스터티번트(그림 1-8)였다. 그는 한꺼번에 유전될 확률이 높은 유전자들(옐로우와 화이트)은 서로 가까운 곳에 위치하고 따로 나타나기 쉬운 유전자들(옐로우와 넛치)은 서로 먼 곳에 위치한다고 생각했다. 트럼프 카드를 섞어 나눠 주는 것과 비슷하다. 본래 위아래로 겹쳐 있던 카드들은 아주 잘 섞지 않는 한 떨어진 장소로 이동하지 않는다. 생물의 경우, 세대는 카드를 섞는 횟수에 해당한다.

하지만 트럼프 카드와 염색체상의 유전자 사이에는 전혀 다른 점도 있다. 트럼프의 경우 1부터 13까지 순서에 맞게 딱 나열하지 않는 한 위아래에 어떤 카드가 올지는 완전한 우연의 결과로 나타난다. 그에 비해 어떤 두 개의 유전자가 함께 붙어 나올 확률은 항상 일정하다. 이 점에 착안한 스터티번트는 유전자가 트럼프 카드 묶음처럼 염색체 위에 쌓여 있는 것이 아니라 옆으로 나란히 줄을 지어 이어져 있다고 생각했다.

유전자 지도를 만들다

그는 거기서 멈추지 않았다. 이 성질을 이용해 유전자 지도를 만들 수 있다고 생각하였다. 즉 함께 유전될 확률이 높은 두 개의 유전자 간 거리가 짧고, 따로 떨어질 확률(재편성률)이 높은 두 개의 유전자 간 거리가 멀다면 그 확률이 유전자 간의 거리에 비례한다고 말이다.

여기서 스터티번트는 파리를 교배해 화이트와 옐로우, 넛치 등 지금까지 보아 온 여러 돌연변이들 속에서 이렇게 따로 떨어져 나타나는 확률을 구해 최초의 유전자 지도를 작성했다(그림 1-8).

유전자 지도 작성법

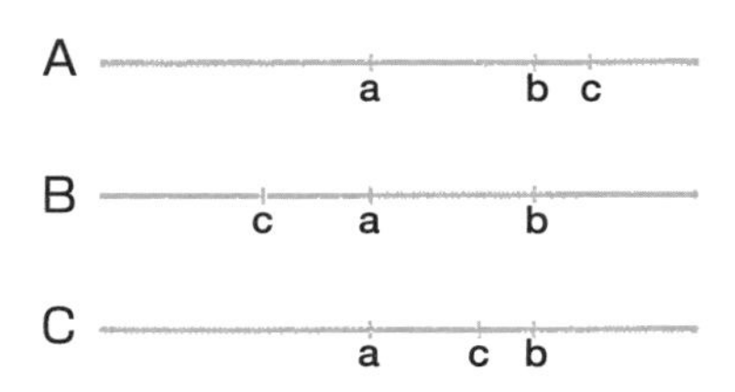

a와 b라는 유전자의 위치를 알고 있을 때(이 두 유전자 간의 거리는 ab), 새롭게 c의 위치를 정하는 방법을 보여 준다. 실험을 통해 a와 c의 거리는 ac라고 알 수 있지만, c가 오른쪽에 있는지 왼쪽에 있는지는 알 수 없다. 이때 bc=ac−ab면 A, bc=ab+ac면 B, bc=ab−ac면 C이다.

A. H. 스터티번트

과실파리 제3염색체

과실파리의 유전자 지도를 지하철 노선도처럼 그린 그림

그림 1-8 **스터티번트의 유전자 지도**

이런 확률을 기반으로 만들어진 지도를 '연쇄지도', '유전적 지도'라고 한다. 인간을 비롯한 다양한 생물의 유전자 지도가 작성되어 오늘날 게놈 해독의 기초가 되었다. 1933년 노벨 생리의학상을 단독 수상한 모건은 그 상금을 브리지스, 스터티번트와 함께 나누어 가졌다.

돌연변이를 어떻게 유발할까?

이렇게 해서 유전자 지도 만들기의 원리가 완성됐다. 문제는 지도에 써넣을 유전자가 아주 조금밖에 발견되지 않았다는 것이었다. 유전자를 찾기 위해서는 그 관련 작용에 이상이 일어난 돌연변이체가 필요한데 우연을 기다리기만 해서는 연구가 진전될 리 없었다.

돌연변이를 인공적으로 유발할 수는 없을까? 유전자의 성질을 확 바꾸어 버릴 돌연변이를 일으키는 구조만 안다면 불가사의한 입자인 유전자의 정체도 알 수 있지 않을까? 그런 생각으로 연구를 계속한 인물이 미국의 허먼 조지프 멀러(1946년에 노벨 생리의학상 수상)였다.

그는 여러 가지 물리적인 자극이 돌연변이 발생에 미치는 영향을 조사하던 중, 과실파리의 부모에게 X선을 쬐기만 해도 그 자손에게 돌연변이가 나타날 확률이 150배나 높아진다는 사실을 발견했다.

돌연변이를 인공적으로 일으키는 또 하나의 방법은 군사 연구에서 발견되었다. 1930년대 후반, 영국에 망명해 있던 독일인 샤를로트 아우엘바하는 화학병기를 개발 중이었다. 머스터드 가스 등 독가스에 노출되면 X선을 쬐었을 때와 마찬가지로 피부가 짓무르고 나을 때까지 수개월이 걸렸다. 그래서 실험해 보니 이 독가스는 돌연변이 발생을 극적으로 높였다. 유전자는 X선이나 독가스에 노출되면 망가지는 성질이 있다. 아무래도 화학물질로 만들어진 듯하다. 이렇게 해서 유전자의 정체를 알아내기 위한 연구가 시작되었는데, 그 이야기는 다음 장에서 설명하겠다.

제2장

욕구의 과학

형태뿐 아니라 행동도 진화한다?

여기서 다시 다윈의 이야기로 돌아가 보자. 다윈이 《종의 기원》에서 작은 변이의 축적과 자연선택으로 생물 진화가 이루어진다고 제창했다는 것은 앞서 언급한 대로지만, 그는 행동의 생물학적 연구에서도 큰 업적을 남겼다.

1871년에 발표한 《인간의 유래와 성선택》에서 다윈은 이성이 선호하는 성질은 생존에 어느 정도 불리하더라도 집단 내에 확산된다며, 성별에 따라 다르게 나타나는 형질 진화를 야기하는 '성선택(성도태)'에 대해 설명했다. 그는 성행동에서 관찰할 수 있는 의식화된 다양한 행동들이 이러한 성선택에 의해 진화했다고 여겼다.

그림 2-1 **다윈의 《인간과 동물의 감정표현》에 그려진 개의 '표정'**

또한 1872년에 발간된 《인간과 동물의 감정표현》은 정서의 표출을 다룬 고전이다(그림 2-1). 내용 중 다윈은 이렇게 설명했다.

"지금까지는 어떤 정해진 움직임으로 감정을 표현하는 우리의 습관을 본능적인 것으로 여겨 왔지만, 실제로는 어떤 법칙에 따라 서서히 획득된 것이 아니었을까 (…) (공포로) 털이 거꾸로 서거나 (분노로) 이를 다 드러내는 표정은 인간이 지금보다 훨씬 하등한 동물적 상태였다고 생각하지 않는 한 이해하기 힘든 부분이다. (…) 모든 동물의 구조와 습성이 서서히 진화해 왔다고 인정한다면 표정이라는 문제 전체를 새로운 시각에서 흥미롭게 바라볼 수 있을 것이다."

이같이 다윈은 생물의 형태적 진화뿐 아니라 동물의 행동도 변이의 축적에 의한 진화라는 시점으로 바라보았다.

동물의 행동, 실험대에 오르다

동물의 행동을 실험적으로 분석한 최초의 인물은 영국의 더글러스 스팰딩이다. 그는 병아리를 대상으로 직접 만든 부화기를 사용해 시각 체험이나 청각 체험이 행동에 미치는 영향을 연구했다. 새의 추종 행동을 관찰해 각인과 '임계기'(뒤에서 언급할 것이다)의 존재를 처음 인식하고 정형적인 행동을 야기하는 '해발인解發因'이라는 개념을 이끌어 낸 인물은 스팰딩이었다.

그림 2-2 **콘웨이 로이드 모건**

스팰딩에게 큰 영향을 받은 인물이 콘웨이 로이드 모건이다. 콘웨이 모건은 "심리학적으로 봤을 때 보다 저차원적인 능력으로 설명할 수 있는 동작은, 그

보다도 고차원적인 능력을 가지고 해석해서는 안 된다."라며 행동을 신비롭게 해석하는 것에 대해 경고했다. 이는 후에 '모건의 공준'으로 불리며 객관적 행동 연구의 토대가 되었다.

20세기 전반에 행동 연구는 근대적 양상을 띠며 급속히 발전했다. 이 과정은 두 개의 큰 흐름이 서로 대립하는 가운데 진행되었다. 하나는 자연 상태에 있는 동물행동을 주로 연구하고 본능적 요소를 중시하는 '행동학'의 흐름이었고, 다른 하나는 실험실 내 철저히 통제된 환경에서 행동을 관찰하고 학습에 의한 행동 변화에 중점을 둔 '비교심리학'과 '행동주의'의 흐름이었다. 이 두 가지 흐름이 발전하는 역사를 살펴보자.

욕구의 과학

오늘날 행동 연구에 있어 빼놓을 수 없는 개념인 '욕구행동 appetitive behavior'과 '완료행동consummatory behavior'의 관계를 정형화한 것은 미국의 월리스 크레이그와 윌리엄 모튼 윌러였다. 이 둘은 모두 비둘기의 행동 연구로 잘 알려진 찰스 오티스 위트먼의 제자이다.

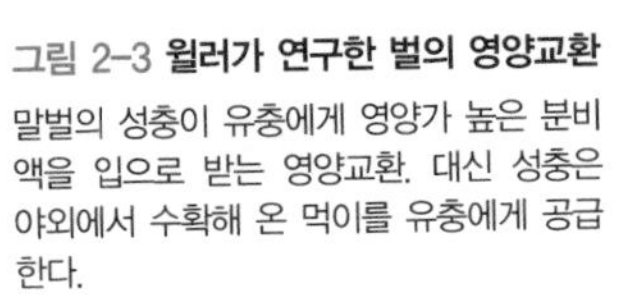

그림 2-3 **윌러가 연구한 벌의 영양교환**

말벌의 성충이 유충에게 영양가 높은 분비액을 입으로 받는 영양교환. 대신 성충은 야외에서 수확해 온 먹이를 유충에게 공급한다.

뻐꾸기는 딱새 둥지에 알을 낳고 뻐꾸기 알은 딱새 알보다 먼저 부화한다. 그리고 뻐꾸기 새끼는 딱새 알을 둥지 밖으로 밀어낸다. 이 그림은 뻐꾸기 새끼의 행동을 그린 하인로트의 그림을 참고로 해서 그린 것이다.

오스카 하인로트

그림 2-4 **면밀한 관찰로 행동학의 기초를 세운 오스카 하인로트**

예를 들어, 공복 상태에서 먹는 것에 대한 동인drive이 점차 높아지면 그 결과 먹이를 찾는 욕구행동이 일어난다. 그리고 먹이를 찾으면 그것을 먹는 완료행동이 일어나며 이로써 먹는 것에 대한 동인이 사라지고 욕구행동은 종결된다.

윌러는 1902년 현재 동물의 행동 연구에서 널리 활용되는 '행동학ethology' 이라는 용어를 처음 사용했다. 그는 사회성 곤충인 벌의 유충이 자신의 자매인 유시성충(날개가 있는 성충)에게 입으로 분비액을 제공하는 영양교환(그림 2-3)이라는 현상을 연구했다. 영양교환은 화학물질을 매개로 한 커뮤니케이션의 하나로 페로몬 연구의 선구가 되었다.

유럽의 행동학 분야를 크게 발전시킨 조류학자로 베를린 동물원 원장이었던 오스카 하인로트(그림 2-4)를 언급할 수 있다. 그는 1911년 논문에서 새끼 거위가 알에서 깨어난 후 처음으로 본 움직이는 물체를 '어미' 로 인식하고 그 뒤를 따라다닌다고 보고했고, 이 현상에 '각인' 이라는 용어를 붙였다.

세상을 인식하는 주관적 필터

또 한 명의 거장은 야코프 폰 윅스퀼이다. 그는 저서《생물이 본 세계》에서 동물(인간을 포함한)에게 주변 세계는 감각기관을 통해 파악하는 '주관적' 세계이며 동물마다 다르다는 생물학적 인식론을 전개했다. 윅스쿨은 이러한 '주관적' 세계를 물리적인 바깥세상과 구분하여 '움벨트Umwelt'라는 이름(독일어로는 '환경'을 의미하며 '환세계環世界'로도 번역한다)으로 불렀다. 움벨트는 감각기관이 필터로 작용해 그 성질에 따라 동일한 물리적 세계가 완전히 다르게 인식한다는 것으로, 윅스퀼은 오늘날에도 직관적으로는 쉽게 받아들이기 힘든 진실을 날카롭게 지적해 철학계에도 큰 영향을 미쳤다.

꿀벌의 춤

1930년부터 1950년대까지 행동학은 확고한 학문 분야로 확립했고 그 선구자 역할을 한 인물이 콘라트 차하리아스 로렌츠(그림 2-

그림 2-5 **콘라트 로렌츠와 로렌츠를 어미로 착각한 새끼 기러기들**

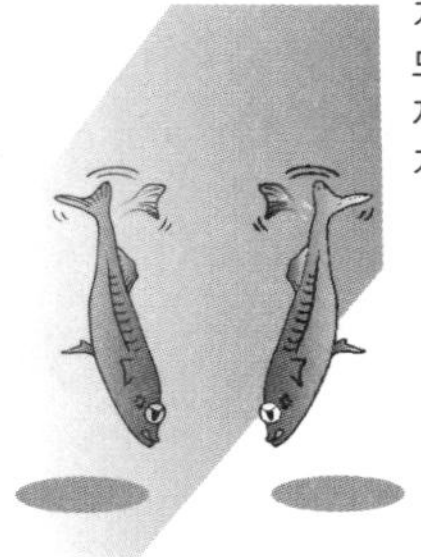

거울에 비친 자신의
모습을 보고 위협하는
자세를 잡는 수컷
가시고기

니콜라스 틴버겐

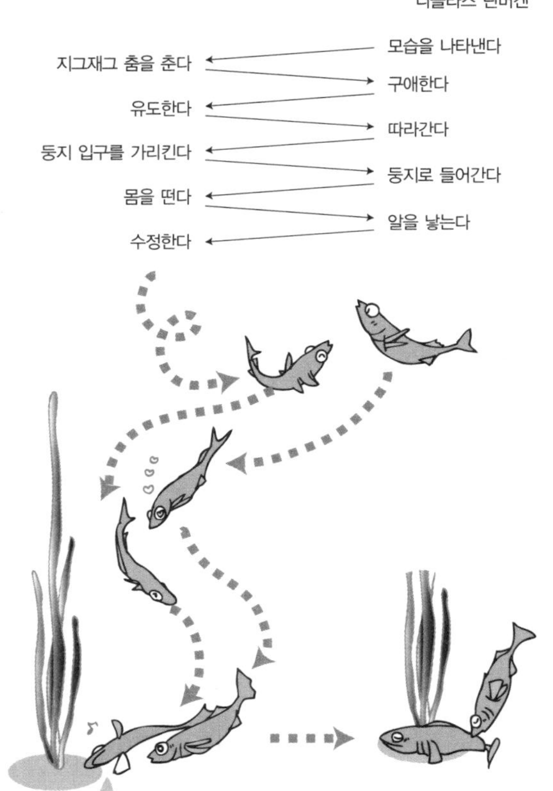

가시고기의 구애연쇄

그림 2-6 **니콜라스 틴버겐의 '본능 연구'**

카를 폰 프리슈

원형 춤은 둥지 가까이에 먹이가 있음을 알린다. 8자 춤은 직진방향으로 먹이가 있는 곳을 가리키며 음의 주파수, 엉덩이를 흔드는 횟수, 춤을 추는 지속 시간 등으로 거리를 알린다.

그림 2-7 **폰 프리슈와 꿀벌춤**

5), 니콜라스 틴버겐(그림 2-6), 카를 폰 프리슈(그림 2-7), 에리히 폰 홀스트였다.

로렌츠는 본능적이면서도 학습적인 과정을 필요로 하는 각인을 깊이 고찰했고 외부 세계로부터 받는 특이 자극으로 게놈(유전자의 총체)의 작용이 바뀐다고 예견했다. 예를 들어 그의 저서 《거울의 뒷면》에서 "유전적 프로그램은 (…) 열려 있는 프로그램이라서 외부의 정보를 순서대로 받아들일 수 있는데, 받아들일 때 그 정보를 활용해 자신 속에 잠재적으로 내재하는 가능성 중 무엇을 실현시킬지 결정한다."라고 언급했다.

틴버겐은 최초의 행동학 교과서인 《본능 연구》를 통해 행동학을 체계화해 훗날 행동학 발전에 흔들림 없는 기반을 제공했다. 특히 주로 자연 상태에서 나타나는 행동을 관찰해 행동의 '해발解發'에 작용하는 중추신경계의 계층구조라는 개념을 이끌어냈고, 이후 신경행동학의 전개를 유도했다는 점은 큰 공적이라 할 만하다.

프리슈는 치밀한 실험과 관찰로 꿀벌이 '춤을 추며' 먹이가 있는 장소의 방향과 거리를 동료에게 알린다는 놀라운 사실을 발견했다. 꿀벌의 색각이나 청각에 관한 연구, 학습 능력에 대한 연구를 집대성해 《꿀벌의 불가사의》라는 제목의 저서에 담았고, 과학계를 넘어 수많은 사람들에게 동물행동 연구의 재미를 전파했다. 로렌츠, 틴버겐, 프리슈, 이 세 명은 1973년에 노벨 생리의학상을 수상했다.

행동의 기반인 신경 구조

홀스트는 요절한 관계로 앞서 언급한 세 명에 비해 대중적이진 않았지만 학문적 업적만 본다면 결코 뒤떨어지지 않는다. 그는 지렁이의 몸마디를 초월한 연동운동이라는 움직임이 반사가 아닌 중추신경계 속에서 만들어지는 율동적 리듬에 의한 것임을 실험적으로 제시하며 오늘날 말하는 '중추성 패턴 발생기관'의 존재를 입증했다. 로렌츠는 이것을 '행동의 내발성'이라는 행동학 개념에 대한 실체적 기반을 제공한다며 자주 언급했다. 또한 새가 나는 구조, 척추동물의 내이 생리학, 더 나아가서는 닭의 뇌에 전기 자극을 주는 행동제어 실험 등 분석적 연구로 큰 성과를 이뤘다.

홀스트는 이론적 모델을 가지고 행동제어 기구를 이해하려는 선진적 방법을 활용하기도 했다. 망막에 비치는 영상은 대상의 이동이나 자신의 운동에 따라 움직이지만 동물(인간)은 그 두 가지를 혼동하는 일 없이 감지한다. 중추신경은 스스로 움직이는 것에 대한 구심 정보를 비교 대상으로 이용해 대상의 움직임을 자동적으로 계산한다고 홀스트는 주장했다. 이것이 오늘날 널리 알려진 '재구심성 원리' 이다.

이같이 홀스트는 행동 관찰을 주체로 하는 현상론적 행동학에서 한 발 더 나아가 행동의 기반이 되는 신경구조에 대한 생리학적 연구의 기선을 잡았다. 이는 훗날 신경행동학의 전개로 이어졌다. 그 새로운 전개에 대해 설명하기 전에 고전적 행동 연구의 또 다른 흐름인 '비교심리학' 과 '행동주의' 의 역사를 살펴보자.

파블로프의 개

이 학파의 토대가 된 것은 러시아의 이반 페트로비치 파블로프(1904년에 노벨상 수상, 그림 2-8)가 발견한 '조건반사' 였다. 개에게 먹이를 보이면 개는 침을 흘린다. 이것은 먹이라는 자극에 따라 무조건적으로 일어나는 생체 반응이며 파블로프는 이를 '무조건반사' 라고 불렀다. 이때 먹이는 '무조건자극' 이다.

그는 먹이를 줄 때마다 개에게 메트로놈 소리를 들려주었고, 이후 개는 메트로놈 소리만 들어도 침을 분비한다는 것을 실험으로 입증했다. 본래 개에게 아무 의미 없는 중립적 자극이었던 소리가 먹이를 준다는 것을 알리는 단서가 되어 생리적 반응인 타액 분비를 일으킨 것이다. 파블로프는 이러한 특정 조건으로 일어나는 반응을 '조건반응' , 그 자극(이 경우 소리)을 '조건자극' 이라고 정의했다. 동물(인간)에게 조건 반응을 갖게 하는 과정을 '조건형성' 이라고 한다. 이것은 하나의 학습이다.

파블로프의 실험은 실험대에 올린 개의 목을 절개해 튜브를 삽입

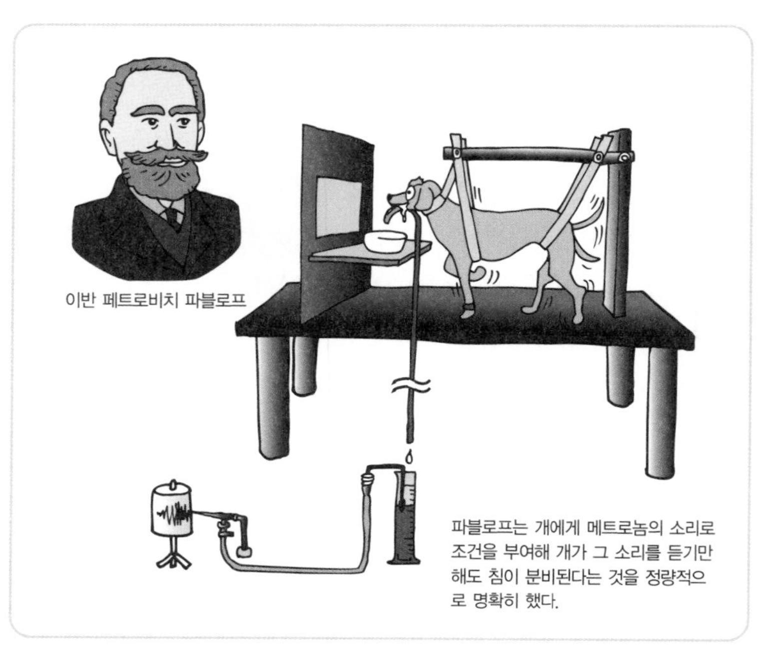

그림 2-8 **파블로프의 무조건반사 실험**

하고 그곳에서 흘러나오는 타액의 양을 측정하는 것으로 온전히 실내에서만 진행되었다. 사용한 조건자극은 평소에 개가 들을 일 없는 인공음이었고, 무조건자극도 고깃가루를 목에 불어넣는 방법으로 부여했다. 철저하게 통제된 조건 속에서, 그것도 동물들에게 자연 상태와는 동떨어진 행동을 야기함으로써 행동의 배경에 있는 구조를 해명하는 데 성공한 것이다. 이는 자연 상태의 동물 행동을 관찰하는 일을 무엇보다 중요시했던 행동학과는 대조적이라 할 수 있다.

스키너의 상자

그림 2-9 존 B. 왓슨

파블로프의 저서《대뇌반구의 작용에 대하여-조건반사학》이 영어로 번역되자 미국에서 큰 반향을 불러일으켰다. 그리고 조건반사를 통해 다채롭고 복잡한 행동을 이해할 수 있다는 낙관주의를 만들어 냈다. 그 선봉에 선 것이 행동주의자들이었다.

그 창시자가《행동주의의 심리학》으로 알려진 존 B. 왓슨(그림 2-9)이다. 그는 인간을 포함한 온갖 동물의 모든 행동은 학습과 경험에 의해 만들어진다는 극단적인 입장을 취했다. 물론 왓슨이 처음부터 그런 입장이었던 것은 아니다. 그는 초기 연구에서 쥐들이 화학물질을 매개로 의사소통한다는 사실을 발견하고 제비갈매기들의 행동을 야외에서 조사해 행동에는 선천적으로 타고나는 생득적 요소가 있다고 스스로 인정하기도 했다.

또 한 명의 주요 인물은 벌허스 프레더릭 스키너(1904~1990년, 그림 2-10)였다. 스키너는 동물을 상자 속에 넣고 그 안에 설치한 손잡이를 누르면 먹이가 나오는 장치(스키너 상자)를 만들어 행동을 연구했다. 스키너 상자 속의 쥐가 우연히 손잡이를 만져 먹이를 얻는 것을 경험하면 손잡이를 눌러 보상물인 먹이를 얻는 방법을 학습한다. 쥐가 손잡이를 누르는 빈도 변화에 따라 학습 수준을 정량화할 수 있고, 그 변화를 야기하는 조작을 '강화' 라고 한다. 이 학습의 특징은 시행착오를 통해 성립한다는 점과 동물 스스로의 행동이 조건자극을 일으킨다는 점에 있다. 이러한 종류의 조건형성을 '능동적 조건형성' 또는 '도구적 조건형성' 이라고 부른다. 이것과 구별하기 위해 파블로프가 한 수동적 조건형성은 '고전적 조건형성' 으로 불리게 되었다.

벌허스 프레데릭 스키너

우연한 계기로 손잡이를 누르면 먹이가 나온다는 것을 학습하는 '스키너 상자' 속 쥐

그림 2-10 **스키너의 학습실험**

인간의 행동은 본능일까? 학습일까?

'강화' 라는 개념은 동물의 욕구라는 내적 요인에서 독립된 계측 가능한 행동 요소만을 떼어 내 연구하기 위해 생겼다.

행동주의는 행동 연구에 극히 엄밀한 실증적 수단의 정착이라는 큰 성과를 이루었다. 한편, 행동의 생득성을 부정하고 학습에 의해 모든 행동이 만들어진다는 주장을 바탕으로 '행동은 곧 학습' 이라는 편향된 생각을 과학계뿐 아니라 일반 사회에까지 심었다.

행동학의 다른 한편에서는 자연 상태에서 볼 수 있는 생득적 행동에 중점을 두고 연구해 행동의 내발적 구조를 밝혀내기 위한 기반을 만들었다. 반면 정량적 분석이 불충분했기에 자의적 해석으로 흐르는 경향이 있었다. 그 결과, 1960년대부터 1970년대에 걸쳐 두 진영은 격렬하게 대립했다.

마침내 행동의 신경생리학적 연구가 행동학과 행동주의의 양쪽에서 진전했고, 반사와 내발적 운동 모두 복잡한 행동을 함께 구축한다는 사실이 자명해져 이 대립은 해소되고 있다.

제3장

행동을 일으키는 신경회로

행동을 일으키는 신경회로

오로지 '행동'만 연구한 것이 아니라 행동을 야기하는 신경 자체를 다룬 연구가 발전하면서 행동 연구의 새로운 장이 열렸다. 여기서는 이러한 신경 연구의 역사를 되짚어 보고자 한다.

오늘날처럼 다수의 세포가 이어져 뇌 신경계를 구축한다는 견해가 받아들여지기 시작한 것은 19세기 후반의 일이다. 그때까지만 해도 신경계는 세포들끼리 융합해 혈관 같은 연속체를 이룬 것으로 여겨

그림 3-1 **푸르키녜와 데이터스가 그린 뉴런**

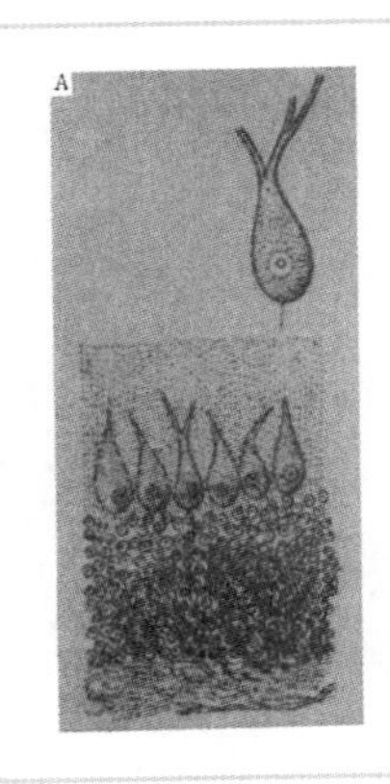

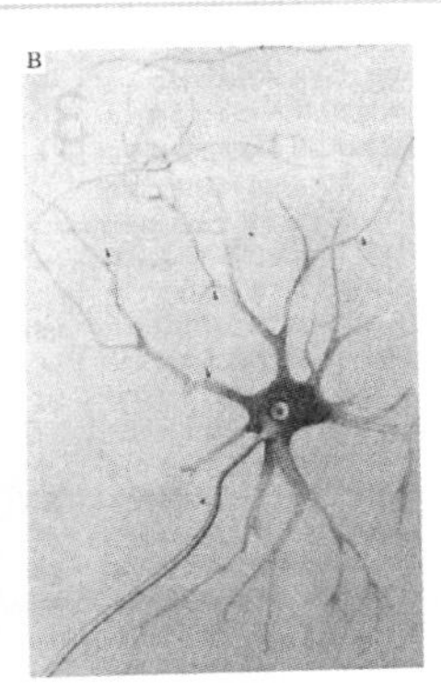

푸르키녜가 그린 소뇌의 뉴런(오늘날의 푸르키녜 세포, 왼쪽)과 데이터스가 그린 척수운동 뉴런(오른쪽)

졌다. 이러한 생각을 '그물체reticular formation 이론' 이라고 한다.

체코의 해부학자 얀 푸르키녜는 일찍이 1836년에 소뇌에 있는 세포를 관찰했다. 단, 그가 그린 그림에는 세포체 부분만 있고 신경돌기는 찾을 수 없다. 또한 오늘날 소뇌의 이 신경세포(뉴런)는 '푸르키녜 세포' 라고 부른다(그림3-1).

독일의 오토 다이터스는 1865년에 신경세포에서 늘어난 긴 돌기를 처음으로 보고했다. 그가 관찰한 것은 척수에 있는 거대한 운동신경 세포였다. 하지만 세포체에서 길게 튀어나온 신경돌기 끝이 어떻게 되어 있는지는 여전히 미궁 속이었다.

위대한 검은 줄기

그 해답이 나온 것은 이탈리아의 의사 카밀로 골지가 1873년에 개발한 '조직염색법' 덕분이다. 신경세포에 은을 응착시키는 이 기술은 현재까지도 '골지법' 이라고 불리며 빈번히 활용되고 있다(그림 3-2).

이 방법의 특징은 전체 신경세포를 하나하나 끝에서 끝까지 염색한다는 점이다. 또 하나의 특징은 조직을 구성하는 많은 신경세포들 중 극히 일부만을 물들인다는 점이다. 후자의 특징은 언뜻 보기에는 단점처럼 보이겠지만 실은 매우 유용하다. 왜냐하면 뇌 신경계는 극히 많은 세포와 돌기들로 가득하기 때문에 전부 염색이 되면 모든 것이 새까맣게 될 뿐 각각의 세포를 구별할 수 없다. 골지법에서는 우연히 선택된 세포만 염색되기 때문에 흰 배경 속에 소수의 신경세포만이 떠오른다.

골지법을 이용해 다양한 동물의 신경계를 구석구석 조사해 신경계가 독립된 신경세포들로 이루어진 네트워크라는 '세포설' 을 제창

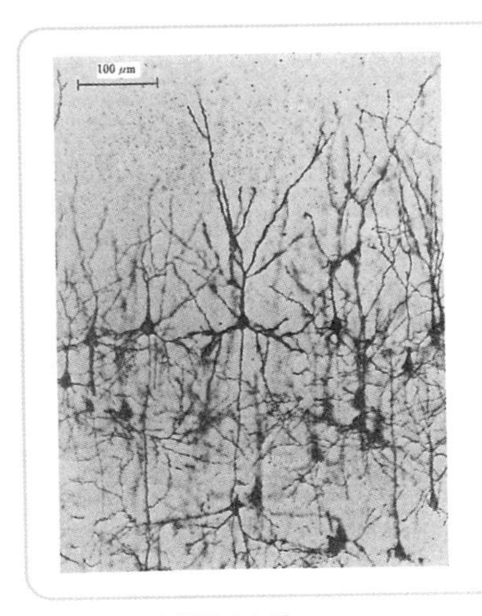

골지염색법으로 물든 대뇌피질의 뉴런

그림 3-2 **골지염색법과 뉴런**

한 것은 스페인의 산티아고 라몬 이 카할이었다(그림 3-3).

카할은 골지법의 위력에 대해 다음과 같이 기록했다.

"밝은 배경 위에 여러 가닥의 검은 선들이 떠오르는 게 눈에 들어왔다. 어떤 것은 얇고 매끄러웠고, 또 어떤 것은 두껍고 울퉁불퉁했다. 군데군데 작은 별 모양이나 방추형으로 짙게 물든 반점들이 붙어 있었다. 모든 것들이 마치 반투명한 한지에 묵으로 그린 듯 뚜렷이 보였다. 카민이나 로그우드 염료로 같은 조직을 염색했을 때는 엉킨 정글로만 보였고, 아무리 눈여겨봐도 가망 없는 암중모색으로 끝나곤 했다. 아무리 노력해도 엉킨 실타래는 풀리지 않았고 뿌연 의문을 남긴 채 미궁 속으로 빠지는 일이 다반사였다. 하지만 지금은 명확하고 뚜렷한 것이 마치 모식도를 보는 듯하다. 모든 것이 일목요연하다. 그 훌륭한 광경에 현미경에서 눈을 뗄 수가 없다."

카할은 1888년부터 1891년 동안 방대한 연구 결과를 발표했고 긴

무척추동물의 신경절

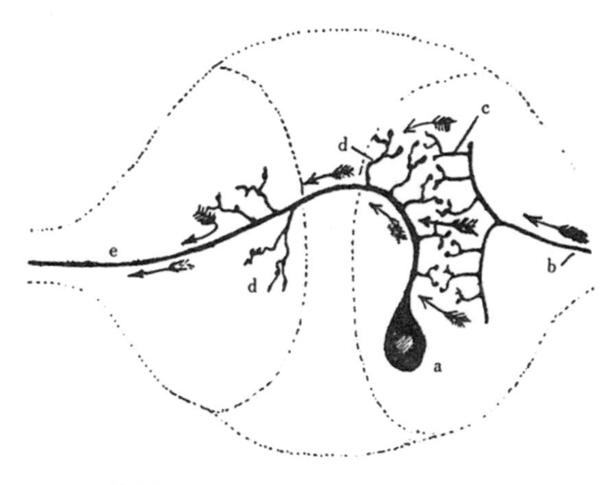

a: 신경절 세포의 세포체
b: 외부에서 들어온 축삭
c: 축삭 말단
d: 신경돌기(수상돌기) 말단
e: 신경절 세포의 투사 축삭

척추동물의 소뇌

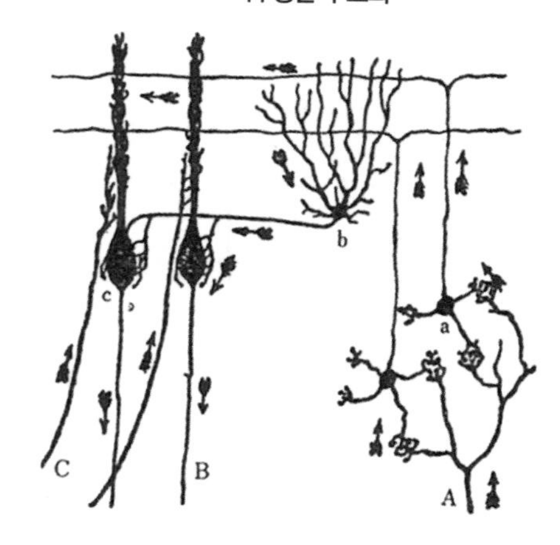

A: 외부에서 온 축삭(태상선유苔狀線維)
B: 푸르키녜 세포의 출력 축삭
C: 다른 유형의 입력 축삭(등상선유)
a: 과립세포
b: 바구니세포
c: 푸르키녜 세포

그림 3-3 **카할이 직접 그린 뉴런**

돌기의 선단이나 얇게 갈라진 세포의 가지 끝에서 신경 신호가 오고 간다고 예견했다.

카할과 골지는 1906년에 노벨상을 공동 수상했다. 하지만 염색법을 개발한 장본인인 골지는 어디까지나 그물체 이론을 고수했고 수상 소감에서도 그 정당성을 주장했다.

신경계의 구조를 밝혀낸 환상의 콤비

신경 정보를 담당하는 신경세포를 '뉴런' 이라고도 한다(그림 3-4). 뉴런을 감싸고 그 작용을 돕는 세포는 '글리어'(교세포)라고 한다.

대부분의 경우 뉴런에는 돌기가 있으며 이를 '축삭軸索' 이라고 한다. 또, 짧게 가지가 갈린 구조는 '수상돌기' 라고 부른다. 일반적으로 뉴런은 수상돌기를 매개로 해서 다른 세포로부터 정보를 받아(입력 부위), 축삭을 통해 정보를 멀리 운반하고 그 말단 부위에서 다음 세포로 정보를 보낸다(출력 부위).

실제 상황은 더 복잡하다. 수상돌기 입력 부위 옆에 출력부가 있어

그림 3-4 **뉴런의 모식도**

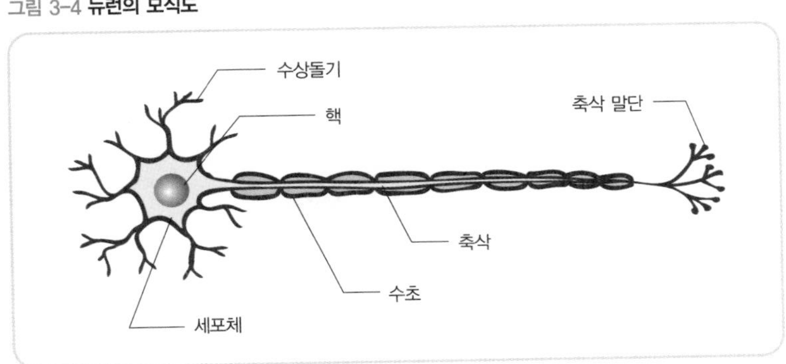

정보를 보내는 측과 받는 측이 캐치볼을 하는 경우나, 세포체에 입력 부위가 있는 경우가 종종 있고, 또한 축삭 중간부에 출력 부위가 있거나 축삭 말단에 역방향으로 입력 부위가 붙어 있을 때도 있다.

신경계의 형태는 이렇듯 골지와 카할의 손을 거쳐 착실하게 밝혀져 갔다. 한편, 신경계가 어떤 식으로 정보를 전달하고 처리하는지에 대한 생리학은 독자적인 발전을 이뤘다.

우리 몸에 전기가 흐른다?

신경생리학 역사의 첫 페이지는 이탈리아의 루이지 갈바니가 열었다. 갈바니는 동으로 된 후크에 끼운 개구리 근육을 철제 손잡이에 걸어 놓고, 바람이 불어 개구리 근육이 철제 손잡이에 닿을 때마다 격렬하게 수축한다는 사실에 흥미를 느꼈다(그림 3-5).

갈바니는 이 현상을 통해 '동물전기'가 존재한다는 생각에 이른

그림 3-5 **갈바니의 생체전기 실험**

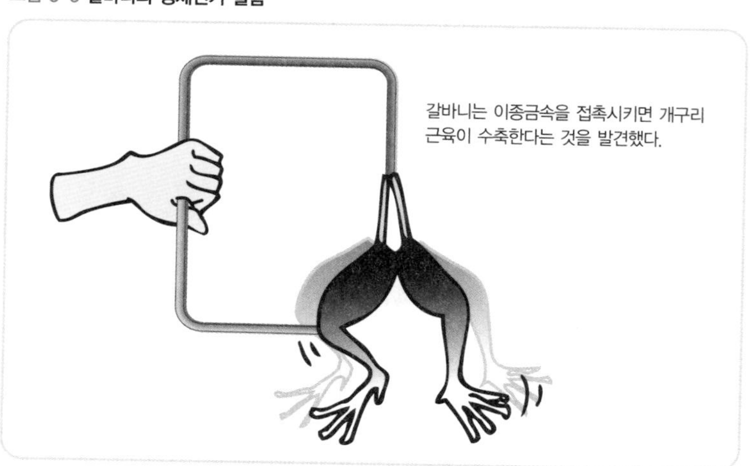

다. 하지만 볼타가 지적했듯이 갈바니가 본 현상은 이종금속에 의한 전기 발생이었다. 그렇다 하더라도 '생체전기'를 착상해 낸 갈바니는 전기생리학이라는 분야가 태어날 계기를 만들었다.

생체전기 측정 방법의 선구자로 알려진 인물은 이탈리아 피사 대학교의 물리학 교수였던 카를로 마테우치였다. 마테우치는 근육의 상처에 전극을 붙여 검류계와 연결해 '부상전류'를 기록하는 데 성공했다.

한층 더 나아가 그는 근육에 연결된 신경 두 세트를 잘라 내어 한쪽 세트의 근육 위에 다른 한쪽 세트의 신경을 겹쳐 전자를 전기로 자극하면 후자까지 흥분한다는 것을 입증했다. 이는 제2 세트의 신경이 제1 세트의 근육에서 발생한 전기로 인해 흥분했고 그 전기적 흥분이 제2 세트의 근육을 자극했기 때문이다(그림 3-6).

마테우치에게 승부욕을 불태웠던 독일의 뒤 부아레몽은 검류계를 사용해 근육의 '활동전류'를 최초로 기록했다. 1900년대에 들어 현

그림 3-6 **마테우치의 생체전기 실험**

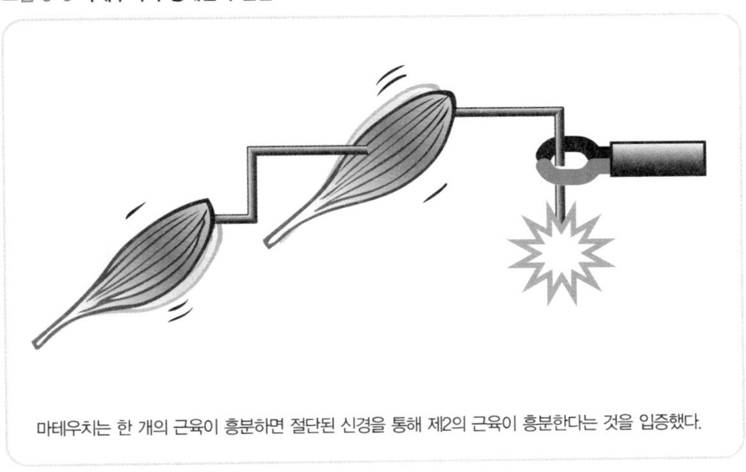

마테우치는 한 개의 근육이 흥분하면 절단된 신경을 통해 제2의 근육이 흥분한다는 것을 입증했다.

전류계弦電流計나 진공관, 브라운관 등이 속속 개발되어 생체 전기 현상을 자세히 연구하는 데 활용됐다. 이미 20세기 초에는 이온이 세포 표면의 막을 안팎으로 출입하는 데서 생체전기가 발생한다는 사실이 명확해졌다.

세포막을 사이에 둔 팽팽한 싸움

세포막은 지질로 이루어져 있으며 물에 녹은 이온들 대부분은 세포막을 자유롭게 통과할 수 없다. 그 결과, 세포막을 경계로 안쪽과 바깥쪽의 이온 분포가 달라진다. 따라서 세포막을 사이에 두고 전위차가 일어나며, 이것이 생체전기로 나타난다.

이 현상을 직접 측정하기 위해서는 조직 표면에 전극을 붙이고 흐르는 전류를 기록하는 '세포 외 기록'으로는 부족하다. 세포 속에 전극을 넣어 그 안팎의 전위차를 직접 측정할 필요가 있다.

이를 위한 '세포 내 기록법'이 1940년대에 처음 개발되었다. 끝부분이 1마이크로미터 정도 열린 미세한 유리관을 만들어 그 속에 전해질인 고농도 염화칼륨용액을 채워 전극을 만든다. 이 유리관을 세포에 꽂고 전극의 반대편 끝인 굵은 부위에 금속선을 연결해 그 출력을 앰프로 증폭시켜 오실로스코프로 세포막 안팎의 전위차인 세포막 전위를 측정한다(그림 3-7).

1943년에 이루어진 최초의 실험에서 세포가 크다는 이유로 선택된 단세포 생물인 아메바에 조심스럽게 전극이 삽입되었다. 그 결과, 세포의 내부가 외부와는 달리 마이너스 90밀리볼트라는 값을 기록했다.

세포 안쪽에는 세포막을 통과할 수 없는 큰 유기산의 마이너스 이

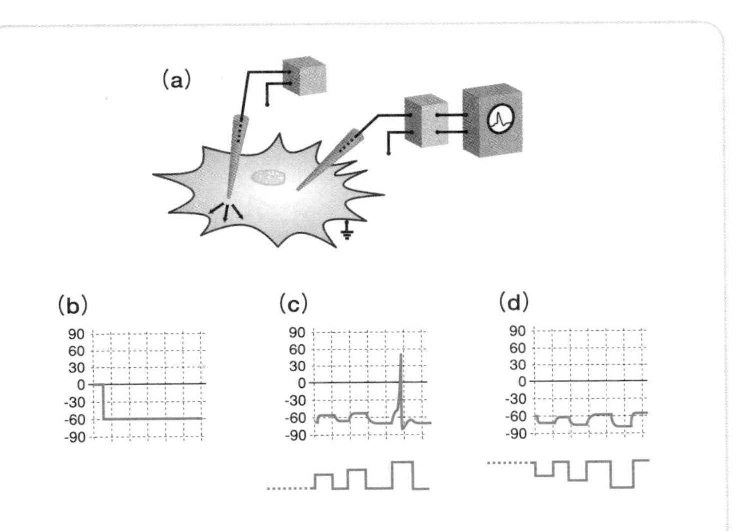

(a) 왼쪽 상단의 별 모양이 뉴런의 세포체. 세포체에 꽂은 한 개의 유리전극(왼쪽)으로 전류를 흘려 보내 자극한다. 또 하나의 세포 내 전극(오른쪽)을 통해 세포막 전위를 기록한다. 이 전극의 출력량을 증폭기를 통해 오실로스코프로 전달해 파형을 관찰한다.
(b) 전극이 세포 내에 들어가면, 전극에 기록되는 전위가 크게 마이너스로 움직여 정지막 전위를 나타낸다(세로축이 전압, 가로축이 시간).
(c) 네모난 파형의 플러스 전류 자극을 세포 속에 흘려보내면 (아래 그래프에 자극이 표시되어 있다) 세포막 전위(위쪽 그래프)는 탈분극하고 역치를 넘으면 활동전위가 발생한다.
(d) 마이너스 전류 자극에서는 옴의 법칙에 따라 과분극이 일어날 뿐이다.

그림 3-7 **전기생리학 실험법**

온이 가득하다. 따라서 세포막을 통과할 수 있는 플러스 전기를 띠는 칼륨이온을 세포 안쪽으로 끌어당겨 모이게 한다. 하지만 여전히 세포 속은 마이너스 이온이 우세하며 그 결과, 세포 안쪽은 바깥쪽에 비해 마이너스가 된다(정확히는 농도의 차이에 따라 칼륨이온이 밖으로 나가려는 화학적 힘과, 칼륨이온을 끌어당기는 안쪽의 전기적 힘이 팽팽한 가운데 눈에 보이는 이온의 움직임이 멈추는데, 이때에도 여전히 세포 안은 밖에 비해 마이너스라는 뜻이다). 이 마이너스 전위를 '정지막 전위'라고 부른다(그림 3-8).

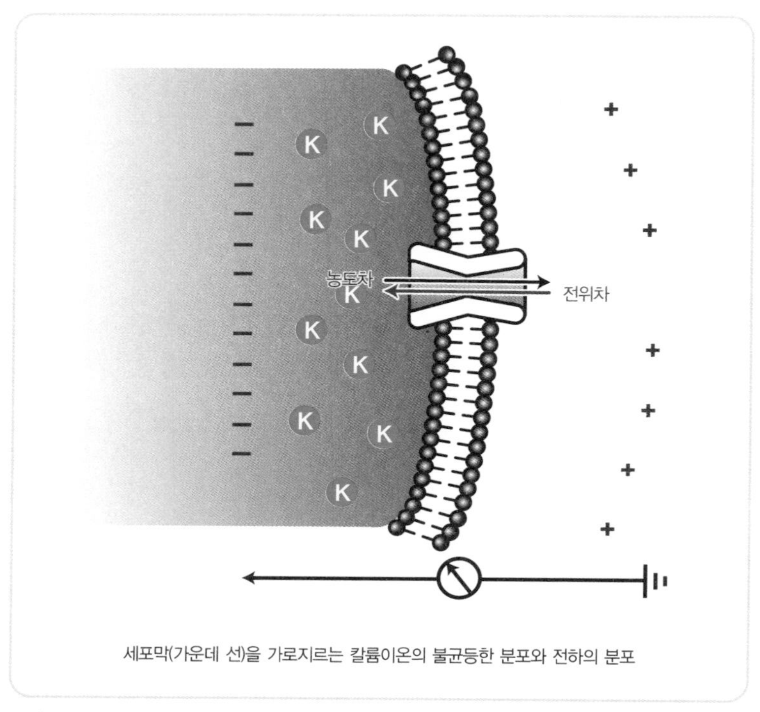

그림 3-8 **정지막 전위**

신체의 모든 세포는 이렇듯 외부에 비해 내부가 전기적으로 마이너스이다. 세포막을 가운데 두고 전위차가 있는 상태를 '분극'이라고 표현한다. 분극을 줄이는 방향(플러스 방향)으로 세포막 전위가 움직이는 것을 '탈분극'이라고 한다. 반대로 분극이 강해지는(마이너스 방향으로 움직이는) 것을 '과분극'이라고 한다.

흥분해야 사는 다혈질 세포

신경세포의 세포 내 기록은 앨런 호지킨 팀에 의해 1945년에 이루

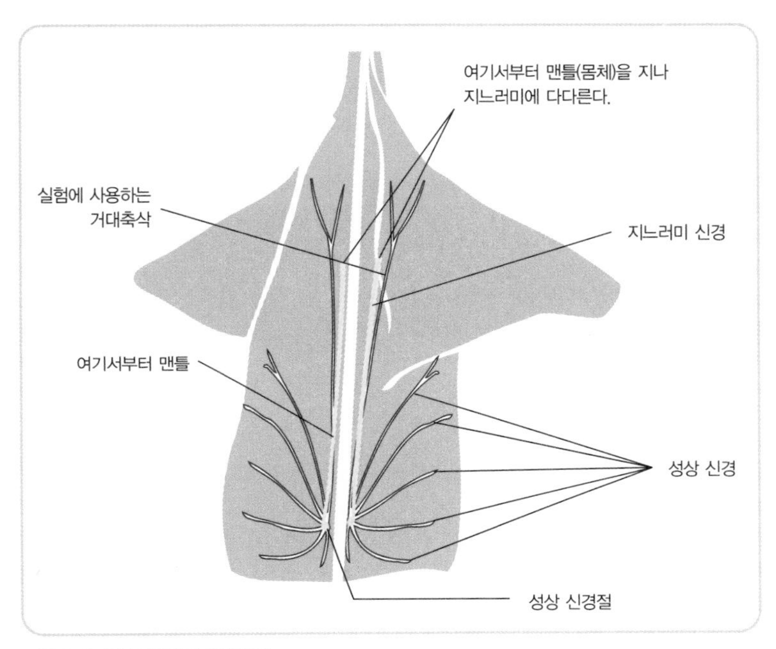

그림 3-9 **화살오징어의 거대축삭**

어졌다. 이들은 무척추동물의 뉴런이 눈에 띄게 굵다는 점, 즉 거대 신경선유(축삭)라는 점에 착안했다(그림 3-9). 특히 화살오징어의 뉴런은 직경이 1밀리미터에 이를 정도로 굵다. 이 뉴런이라면 미소전극을 꽂아 손상되더라도 크게 문제가 되지 않았다.

화살오징어의 축삭에 미소전극을 꽂으면 약 마이너스 80밀리볼트의 정지막 전위가 기록된다. 이어 축삭에 자극을 주면 세포막 전위는 급격하게 플러스 방향으로 향하며 결국 0밀리볼트를 넘어 플러스 40밀리볼트까지 이르게 된다. 그 후 세포막 전위는 단번에 마이너스 방향으로 되돌아가며, 마지막에는 정지막 전위가 되어 머무른다. 그 시간은 약 0.001초 정도 걸린다.

세포막 전위에서 일어나는 이 큰 변화를 '활동전위'라고 한다. 또는 '스파이크', '임펄스'라고도 한다. 활동전위는 축삭의 흥분을 담당한다. 활동전위는 근육이나 분비세포들의 집합인 샘, 암컷의 생식세포인 알 등의 '흥분성 조직'에서 나타나는 전기 현상이다.

신경이 흥분하면 어떻게 될까?

활동전위는 어떻게 해서 생기는 것일까? 세포 바깥에는 플러스 이온인 나트륨이온이 풍부하다. 자극을 받아 세포막의 상태가 변하면 이온이 지나가기 쉬운 정도(이온 투과성)가 순간적으로 변화한다. 그러면 나트륨이온이 세포막을 통과할 수 있게 되고, 농도가 높은 세포 밖에서 농도가 낮은 세포 안쪽으로 눈사태처럼 흘러들어 간다. 따라서 세포막 내부는 금세 플러스가 되고, 결국에는 플러스 40밀리볼트라는 값에 도달하게 된다. 그 뒤를 이어 칼륨이온의 투과성이 극적으로 높아지고 나트륨이온의 투과성은 거의 없어지기 때문에 세포 안쪽에 쌓여 있던 칼륨이온은 한꺼번에 바깥으로 나가고, 세포막 안쪽은 또다시 마이너스로 돌아간다.

이렇듯 이온이 세포막을 출입함으로써 신경에는 활동전위(전압 변화)가 발생한다. 이때 전압 변화를 일으키는 것은 세포막이라는 전기저항으로 흘러간 전류이다. 그 전류 운반책이 플러스 전하를 가진 나트륨이온이나 칼륨이온이다. 나트륨이온이나 칼륨이온이 운반하는 전류인 세포막 전류를 측정하지 않으면 신경이 흥분하는 구조를 알 길이 없다.

호지킨과 헉슬리의 멋진 방정식

그리하여 신경세포의 세포막 전류를 실측하는 연구가 시작되었다. 실험 재료로는 화살오징어의 거대한 축삭이 선택되었다. 세포막 안팎의 전위차를 세포막 전역에 걸쳐 순간적으로 같은 값으로 만들지 못하면 세포막 전류를 잴 수 없다.

이 조건을 이루기 위해 다음과 같은 방법을 활용했다. 화살오징어의 거대한 축삭을 잘라 내 한쪽 절단면부터 긴 축의 방향으로 와이어를 꽂아 반대쪽 끝까지 똑바로 끼워 넣었다. 축삭을 꼬치에 꽂은 모양이었다.

그리고 이 와이어와 평행하게 축삭 바깥쪽에도 전극을 둔다. 이

그림 3-10 **케네스 콜의 세포막 전위 고정법**

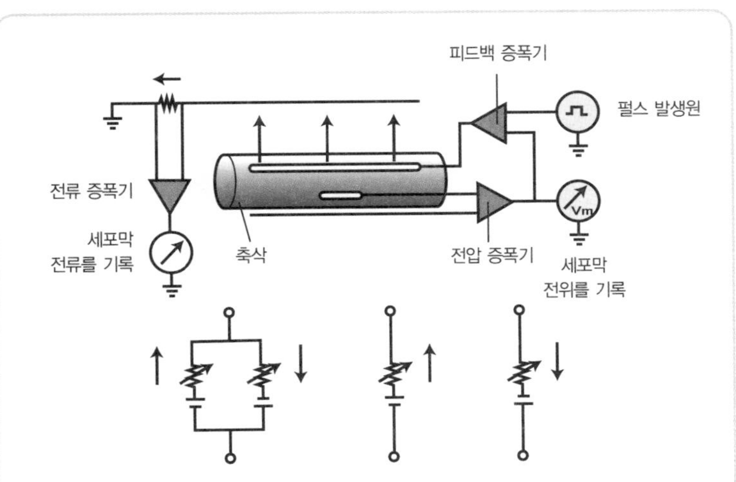

화살오징어의 축삭(원통형으로 그려진 것)을 잘라 낸 다음, 가로축을 따라 금속선으로 된 전극(얇은 선으로 그려진 것)을 꽂아 넣고 세포막 전체의 전위를 순간 일정치로 움직여 고정하는 방법. 삼각형은 앰프, 전자회로 속 자극장치와 기록계, 저항이 도식화되어 있다. 아래 그림은 세포막을 전기회로로 나타낸 '등가회로'이다. 전지는 세포막 전위이며, 가변저항은 세포막(이온 채널)이다.

두 개의 와이어 전극 사이에 인위적으로 전류를 흐르게 하면 순식간에 축삭의 모든 위치에서 동시에 동일한 값의 전압을 움직일 수 있다. 그리고 인위적으로 흐르게 한 전류량은 전위 변화를 일으키기 위해 흐른 이온이 만들어 내는 전류량과 같아서 전류의 방향(플러스와 마이너스)이 반대가 된다. 즉, 세포막 전류를 측정한 것이 된다(그림 3-10).

이 방법은 '세포막 전위 고정법voltage clamp technique'이라고 하며, 케네스 콜이 개발했다. 곧바로 이 방법을 이용해 나트륨이온이 운반하는 전류와 칼륨이온이 운반하는 전류를 측정하고, 그것을 바탕으로 활동전위의 크기나 시간차를 미분방정식으로 멋지게 표현한 것이 호지킨과 앤드루 헉슬리였다. 1952년에 발표된 호지킨-헉슬리 방정식은 세포의 전기적 흥분을 모두 표현할 수 있는 획기적인 것으로, 이 덕분에 둘은 노벨상을 수상했다.

호지킨과 헉슬리의 수학적 모델을 활용해 이온이 지나가는 '통로'가 되는 물질의 특성을 다양하게 추론할 수 있다. 그 통로는 훗날 '이온 채널'로 불리며 지질로 이루어진 세포막을 관처럼 관통해 달리는 일종의 단백질로 여겨졌다.

이온이 지나는 길, 이온 채널

활동전위를 발생시키는 이온 채널은 나트륨이온을 선택적으로 통과시키는 '나트륨채널'이고, 활동전위를 끝내는 채널은 칼륨이온을 선택적으로 통과시키는 '칼륨채널'이다.

나트륨채널은 복수로 닫힌 상태와 하나의 열린 상태가 될 수 있다. 정지막 전위에서는 거의 대부분의 나트륨채널이 닫힌 상태가 된

전압변화에 따라 열리는 채널(단면도)

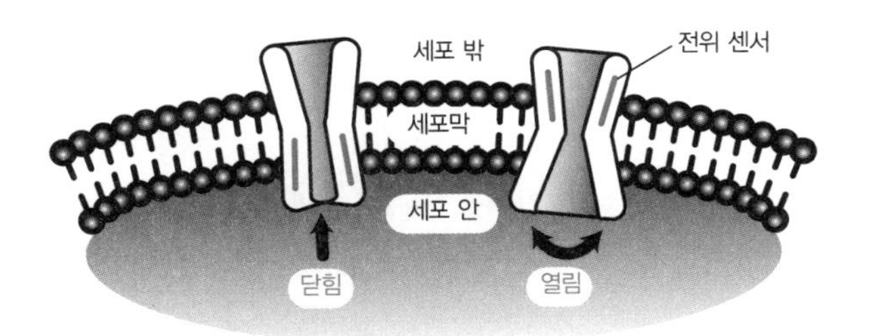

세포막 전위의 변화를 전위 센서로 감지해 개폐한다.
(전위 의존성 채널)

화학물질에 따라 열리는 채널(단면도)

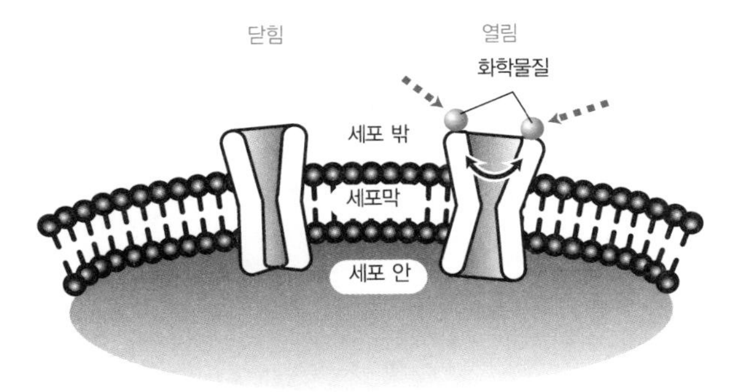

세포 바깥에서 오는 화학물질(예를 들어 글루타민산)의 결합에 따라 열린다.

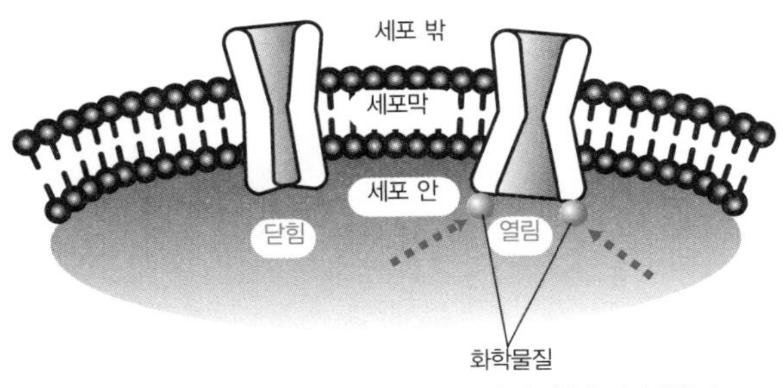

세포 안쪽에서 오는 화학물질(예를 들어 Ca^{++})의 결합에 따라 열린다.

그림 3-11 **이온 채널의 구조**

다. 자극이 가해져 세포막 전위가 플러스 방향으로 벗어나면 열린 상태가 되는 채널 수가 급격히 늘어난다.

즉, 나트륨채널에는 전압센서 역할을 하는 부분이 있어 세포막 전위가 플러스 방향으로 움직이면 그 센서가 반응해 닫힌 상태에서 열린 상태로 바뀐다. 이렇듯 전압을 감지하고 개폐가 통제되는 유형의 이온 채널을 '전위 의존성 이온 채널'이라고 총칭한다(그림 3-11).

그런 각각의 채널을 통해 흐르는 전류를 기록하는 획기적인 방법인 '패치크램프법patchclamp method'이 1976년 에르빈 네어와 베르트 자크만에 의해 개발되었다. 한 개의 이온 채널에서 전류를 기록하면 그것은 '디지털' 세계와 같다. 닫혔을 때의 전류는 0이고, 열림과 동시에 전류는 일정치로 뛰어 그 값을 유지한다. 그리고 채널이 닫히면 순식간에 0이된다. 간단하게 말해서 '네모난' 전류이다(그림 3-12).

그림 3-12 **단일 이온 채널 전류**

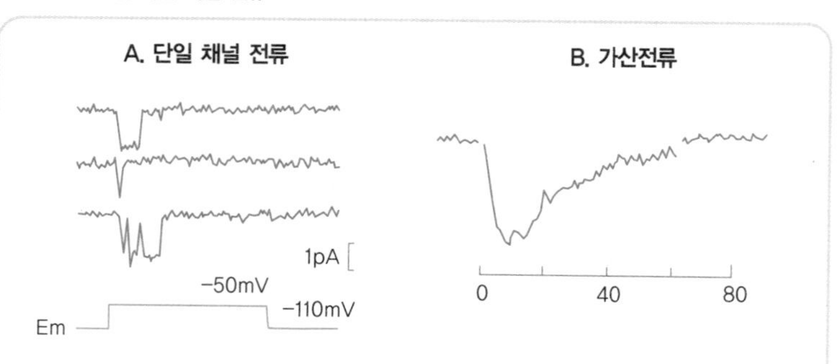

채널 한 개가 열린 결과로 흐르게 되는 단일 나트륨채널 전류(A, 위쪽 세 개의 그래프). 세포막 전위를 고정한 세포막 전위를 A 아래에 표기했다. 단일 채널 전류를 다수 더하면 세포 전체를 흐르는 전류를 재현할 수 있다(B).

신경 신호는 0과 1뿐인 디지털 신호?

패치크램프법은 이후 아주 작은 뉴런에서 일어나는 전기 활동을 기록할 때도 위력을 발휘한다는 것이 확인되어 현재는 전기생리학의 중심 기술이 되었다. 네어와 자크만은 이미 1991년에 노벨상을 받았다.

축삭에 발생하는 활동전위의 크기는 항상 일정하다. 아주 약한 자극으로는 전혀 발생하지 않는다. 자극이 강해져 일정 수준을 넘으면 돌연 한 발의 큰 활동전위가 발생한다. 이를 '활동전위 발생의 실무율 법칙'이라고 한다. 활동전위가 발생하려면 세포막 전위가 일정 역치를 넘어 탈분극할 필요가 있다. 더 강한 자극을 주면 활동전위는 두세 번 연속으로 발생하게 된다. 자극이 강할수록 발생하는 활동전위의 간격이 짧아지며 일정 시간에 발생하는 활동전위의 수는

그림 3-13 **활동전위의 실무율 발생양식**

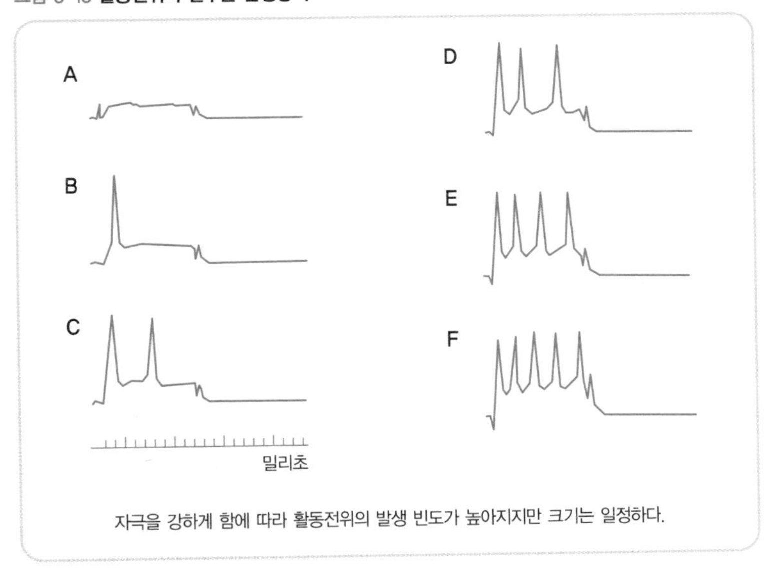

자극을 강하게 함에 따라 활동전위의 발생 빈도가 높아지지만 크기는 일정하다.

늘어난다(그림 3-13).

이렇듯 자극의 강도나 길이는 활동전위의 발생 빈도(주파수)나 발생 시간의 패턴으로 나타낼 수 있다. 활동전위는 0과 1의 상태밖에 없는 디지털 신호이다. 이러한 디지털 전기신호는 주로 뉴런의 축삭에 발생하며, 장거리에 걸쳐 신경 정보를 전송할 때 사용된다. 하지만 활동전위는 세포막을 가로질러 일어나는 전위차가 그 '전원'이기 때문에 뉴런의 말단 부위까지 전달되면 그 앞으로 나아갈 수 없다. '그 앞'이란 정보를 전달하는 대상인 이웃 뉴런을 말한다.

정보 전달의 통로, 시냅스

세포와 세포의 연결고리에서는 대체 어떤 일이 일어나고 있을까? 서로 이어지지 않은 두 개의 세포 사이에서 정보는 어떻게 오고갈까?

뉴런의 축삭 끝과 다음 뉴런의 수상돌기 앞쪽 끝은 10~100나노미터의 좁은 간격을 사이에 두고 마주 보고 있다(그림 3-14). 활동전위에 실려 축삭의 말단 부위로 온 정보를 뉴런으로 전달하는 구조가 이 간격 속에 존재한다고 생각한 영국의 신경생리학자 찰스 셰링턴(1932년에 노벨상 수상)은 1897년에 이 연결 부위에 '시냅스'라는 명

그림 3-14 **뉴런의 연결고리인 시냅스의 모식도**

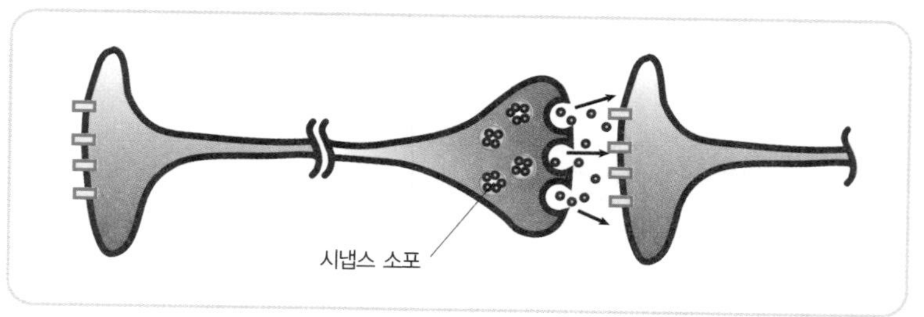

아세틸콜린

$$H_3C-\overset{O}{\overset{\|}{C}}-O-CH_2-CH_2-\overset{+}{N}-(CH_3)_3$$

아미노산류

감마아미노낙산(GABA)

$^{+}H_3N-CH_2-CH_2-CH_2-COO^{-}$

글리신

$^{+}H_3N-CH_2-COO^{-}$

글루타민산

$^{+}H_3N-CH-CH_2-CH_2-COO^{-}$ (with COO^{-} on the second carbon)

모노아민류

도파민

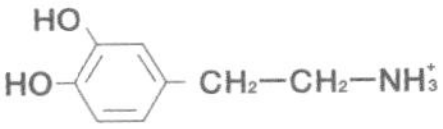

HO, HO-(benzene ring)- $CH_2-CH_2-NH_3^{+}$

아드레날린

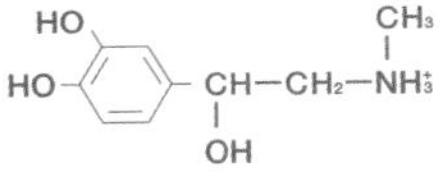

HO, HO-(benzene ring)- $CH(OH)-CH_2-NH_2^{+}-CH_3$

노르아드레날린

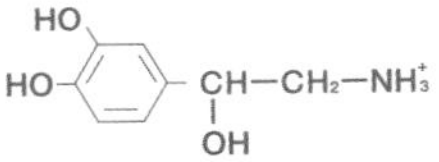

HO, HO-(benzene ring)- $CH(OH)-CH_2-NH_3^{+}$

세로토닌

HO-(indole ring, N-H)- $CH_2-CH_2-NH_3^{+}$

펩티드류

메티오닌엔케팔린

Tyr—Gly—Gly—Phe—Met

서브스턴스P

Arg—Pro—Lys—Pro—Gln—Gln—Phe—Phe—Gly—Leu—Met —NH_2

로이신엔케팔린

Tyr—Gly—Gly—Phe—Leu

앤지오텐신 II

Asp—Arg—Val—Tyr—Ile—His—Pro—Phe —NH_2

혈관활성장펩티드vasoactive intestinal peptide (VIP)

His—Ser—Asp—Ala—Val—Phe—Thr—Asp—Asn—Tyr—Thr—Arg—Leu—Arg—…

…Lys—Gln—Met—Ala—Val—Lys—Lys—Tyr—Leu—Asn—Ser—Ile—Leu—Asn— NH_2

소마토스타틴

H— Ala—Gly—Cys—Lys—Asn—Phe—Phe—Trp—Lys—Thr—Phe—Thr—Ser—Cys —OH

(S—S bridge between Cys and Cys)

황체 호르몬 방출 호르몬

pyroGlu—His—Trp—Ser—Tyr—Gly—Leu—Arg—Pro—Gly —NH_2

그림 3-15 **대표적인 신경 전달 물질**

칭을 부여했다. 하지만 시냅스에서 정보가 어떻게 넘어가는지에 대해서는 여전히 불명확한 상태였다.

1904년 영국 케임브리지 대학교 존 랭글리 교수 아래에서 연구 중이었던 당시 29세의 의학생 토머스 렌턴 엘리엇은 영국 생리학회 회의장에서 "교감신경 말단에 활동전위가 도달하면 아드레날린이 방출되고, 그것이 효과기(심장)에 작용한다."라고 설명하기에 이른다. 화학전달물질(그림 3-15)의 도움으로 시냅스를 통해 정보 전달이 이루어진다는 이 학설은 이때 처음으로 세상에 발표됐다.

시냅스의 조력자, 화학전달물질

'아드레날린'은 부신 추출액에 함유된 호르몬으로 1901년에 다카미네 켄키치가 처음으로 순수한 형태를 분리했다(이와 거의 동시에 에이벨이 아드레날린 유도체 중 하나를 순수한 상태로 분리해 에피네프린이라고 발표했다). 당시 케임브리지에서는 아드레날린의 작용과 교감신경을 자극했을 때의 효과가 많이 닮았다는 점에 큰 관심을 쏟고 있었다.

1910년에는 H. H.데일이 고양이 혈압을 측정하는 방법을 활용해 교감신경을 자극할 때 일어나는 변화가 '노르아드레날린'이 작용했을 때와 흡사하며 아드레날린의 작용과는 다르다는 점을 발견했다. 그는 더 나아가 1914년, 미주신경의 전달물질이 '아세틸콜린'이라는 것을 암시하는 결과를 발표했다.

제1차 세계대전으로 중단되었던 연구가 재개되던 1921년에 오스트리아의 오토 로에비는 개구리 심장을 담갔던 액체를 다른 심장에 뿌리면 후자의 박동이 변한다고 보고했다. 그리고 제2차 세계대전의 공백기 이후, 스웨덴의 울프 폰 오일러는 교감신경 조직을 화학적으로 분석해 노르아드레날린이 함유된다는 것을 입증했다. 이러한 일련의 연구들 덕분에 시냅스를 통한 정보 전달이 화학물질에 의해 일어난다는 것이 거의 확실해졌다. 이 업적으로 데일, 로에베, 오일러는 노벨상을 수상했다.

신경의 아날로그 신호, 시냅스 후전위

시냅스 중 정보를 송출하는 쪽을 '시냅스 전막', 정보를 수신하는 쪽을 '시냅스 후막'이라고 부른다. 정보를 주고받기 위한 세부 구조는 전자현미경으로 시냅스의 미세 형태를 관찰하거나 미소전극을 사용해 전기생리학적 측정 방법을 이용해 알 수 있다.

그 중심에서 활약했던 인물이 영국의 버나드 카츠로 1970년에 노벨상을 수상했다. 그가 선호했던 재료는 개구리 운동신경 끝에 근육이 붙어 있는 '신경근 표본'이었다.

근육에 미소전극을 꽂아 넣어 전기 활동을 기록하면서 운동신경을 자극하면 근육에 큰 활동전위가 발생한다. 신경근 표본을 담근

그림 3-16 **시냅스 후전위의 활동전위**

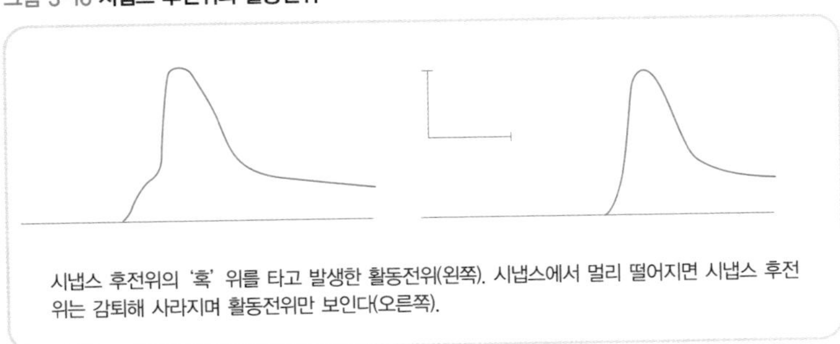

시냅스 후전위의 '혹' 위를 타고 발생한 활동전위(왼쪽). 시냅스에서 멀리 떨어지면 시냅스 후전위는 감퇴해 사라지며 활동전위만 보인다(오른쪽).

액체(세포외액)에서 칼슘이온을 완전히 제거하면 신경을 자극해도 근육에는 아무런 반응이 일어나지 않는다.

하지만 칼슘이온이 들어 있지 않은 액체에 담가도 칼슘이온이 완전히 신경근 표본 주변에서 사라지기까지는 꽤 오랜 시간이 걸린다. 칼슘이온이 줄어들면서 활동전위가 일어나는 곳에 '혹'이 생겼고, 결국 그 혹에 타고 있던 활동전위는 돌연 흔적도 없이 깨끗하게 사라졌다.

활동전위의 크기는 사라지기 직전까지 변하는 일이 없다가 홀연히 사라졌다. 활동전위가 실무율의 법칙에 따른다는 것을 쉽게 알 수 있다. 이것은 '혹'과 활동전위는 별개로 '혹'에 따라 세포막 전위가 탈분극하고, 역치를 넘은 결과 활동전위가 발생했다고 생각할 수 있다(그림 3-16).

'혹'은 칼슘이온이 줄어듦에 따라 서서히 작아지다 결국은 전혀 보이지 않게 되었다. 즉, '혹'은 활동전위와는 달리 실무율에 따르지 않으며, 크기가 연속적으로 변화한다. 이 '혹'은 '시냅스 후전위'라 불리는데, 시냅스 전막에서 오는 자극을 받아 시냅스 후막에서 발생한다.

정보 전달의 촉진제, 칼슘이온

전자현미경을 사용해 관찰해 보니 시냅스 전막 내부에 작고 동그란 것이 잔뜩 모여 쌓여 있는 것이 확인되었다(그림 3-17). 이후 연구에서 '시냅스 소포'라고 불리는 이 둥근 구조물 속에는 전달물질인 아세틸콜린이 차 있다고 판명되었다. 축삭을 따라온 활동전위가 시냅스 전막에 도달하면 시냅스 소포가 세포막에 붙어 내용물이 밖으

작은 '알갱이'들이 보이는 부분이 시냅스 전막. 가운데 있는 큰 동그라미(미토콘드리아)가 있는 곳이 시냅스 후막. '알갱이'는 전달물질이 들어간 시냅스 소포이다. 시냅스 후막에 발생하는 시냅스 후전위 모식도가 겹쳐 그려져 있다.

그림 3-17 **시냅스의 전자현미경 사진을 바탕으로 한 미세구조의 모식도**

로 나오게 된다.

시냅스 소포의 내용물이 방출될 때 칼슘이온이 필요하기 때문에 칼슘이온을 줄이면 방출량이 줄어 시냅스 후막에 일어나는 반응도 작아졌다. 방출하는 데 필요한 칼슘은 시냅스 전막에 있는 칼슘채널을 통해 세포 밖으로부터 유입된다. 칼슘이온이 시냅스 전막에 잔뜩 들어가면 시냅스를 넘어가는 정보 전달의 효율성이 높아지고, 반대로 유입되는 칼슘이 줄면 시냅스 전달의 효율성은 떨어진다.

단백질도 짝이 있다

바깥으로 방출된 전달물질은 시냅스 후막으로 확산된다. 그리고 결국 그 일부가 시냅스 후막의 세포막에 도달한다. 시냅스 후막의 세포막에는 전달물질이 오기만을 기다리는 단백질이 박혀 있다.

그 단백질은 정해진 전달물질(과 그 닮은 꼴 물질)만을 붙일 수 있는 부위를 가진다. 특정 전달물질은 이 부위에 마치 열쇠와 열쇠 구멍처럼 딱 맞아 떨어진다. 이 열쇠 구멍에 해당하는 단백질을 '수용체'라고 한다.

예를 들어 개구리 골격근(시냅스 후막)에는 아세틸콜린수용체가 있어, 이곳에 운동신경 말단(시냅스 전막)에서 방출된 아세틸콜린이 와서 달라붙는다.

골격근에 있는 아세틸콜린수용체는 그 자체가 이온 채널의 역할을 한다. 따라서 '아세틸콜린수용체 채널'이라고도 불린다. 즉 이는 세포막을 뚫고 이어지는 '관'이다. 관 바깥을 향한 입구에 전달물질을 붙이는 특수한 부위가 있다(그림 3-18).

평소 이 관의 뚜껑은 닫혀 있지만, 전달물질이 붙으면 뚜껑이 열리고 이온 채널로서 활동하게 된다. 이렇듯 아세틸콜린수용체 채널은 나트륨채널이나 칼륨채널과는 달리 전압을 감지해 열리는 것이 아니라 화학물질의 결합으로 열린다. 이처럼 전달물질이 작용해 열리는 채널을 '리간드ligand 의존성 이온 채널'이라고 총칭한다. 리간드란 수용체에 결합하는 물질을 통틀어 일컫는 용어이다.

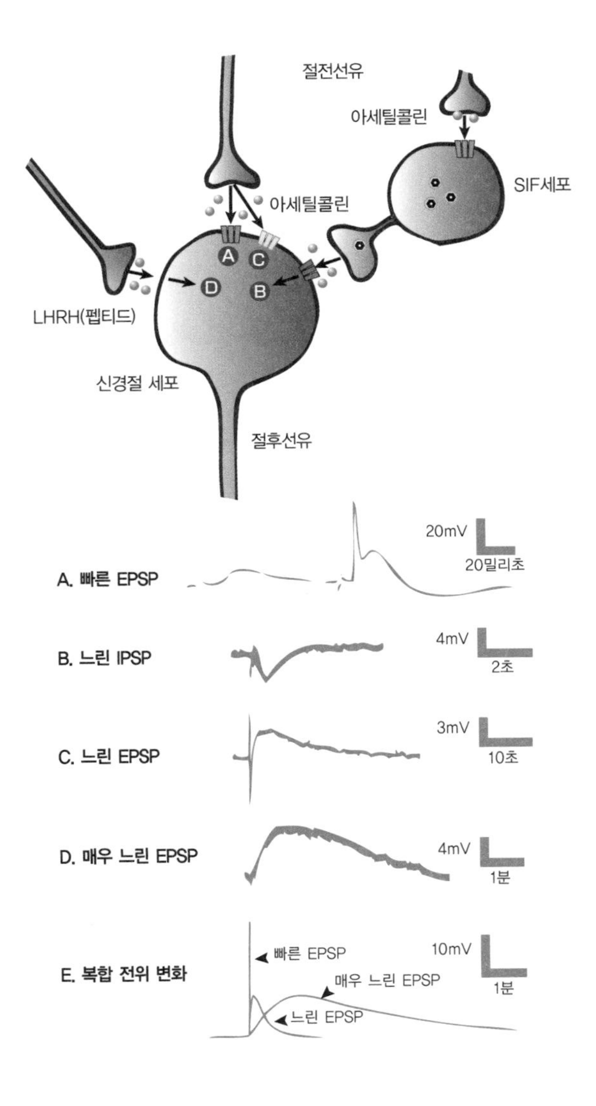

복수의 시냅스 전세포에서 1개의 시냅스 후세포로 전달물질이 방출되며 다양한 시냅스 후전위가 발생한 결과, 정보가 통합된다. 교감신경절의 예시. 흥분성 시냅스 후전위(EPSP)에 관여하는 전달물질과 수용체의 차이를 반영해 다양한 시간이 경과하는 양상을 표시했다(A, C, D). 거기에 억제성 시냅스 후전위(IPSP, B)가 더해져 복잡한 전위 변화(E)가 시냅스 후막에 일어난다.

그림 3-18 **시냅스 후막의 각종 전위와 신경 접속**

리간드 의존성 이온 채널이 열리고 닫히는 것은 전압(세포막 전위)에 좌우되지 않기 때문에 그 활동으로 발생하는 시냅스 후전위에는 역치가 존재하지 않는다. 그 크기는 전달물질의 양, 즉 자극의 크기에 따라 연속적으로 커지기도 하고 작아지기도 한다. 활동전위가 디지털 신호라면 시냅스 후전위는 아날로그 신호이다.

아세틸콜린수용체 채널은 수용체로서의 일과 이온 채널로서의 일을 동시에 해낸다. 이에 반해 수용체로서의 기능만을 가지고 이온 채널의 역할을 하지 않는 단백질도 있다.

이렇게 '순연한' 수용체는 세포 외부에서 온 전달물질이 결합하면 자신이 품고 있던 다른 화학물질을 세포 내부를 향해 방출한다. 이 제2의 화학물질은 세포에 다양한 작용을 일으키는데, 이온 채널의 개폐도 그중 하나이다. 외부에서 온 자극을 받아 세포 내에 나타나는 이 제2의 화학물질을 '세컨드 메신저' 라고 한다.

아날로그와 디지털을 자유자재로

실무율 법칙에 따르는 활동전위는 축삭의 막이 나란한 구획에서 계속해서 만들어지기(한 곳에서 활동전위가 일어나면 그것에 따라 옆 부위의 세포막 전위가 플러스를 향하면서 옆의 나트륨채널이 열리기) 때문에 신호는 약해지지 않고 멀리 있는 부위까지 확실히 전달된다.

이에 비해 시냅스 후전위는 수용체 채널이 있는 시냅스 후막에서 발생한 후 그 지점에서 멀리 떨어질수록 점점 작아진다. 그것은 세포를 따라 흐르던 전류가 밖으로 흘러나가기 때문이다.

하지만 아날로그 신호에는 디지털 신호에 없는 장점이 있다. 크기가 자유자재로 변하기 때문에 복수의 아날로그 신호를 더하거나 모양을 바꾸기가 쉽다는 점이다.

실제로 신경계 속에는 한 개의 뉴런이 수백 개의 다른 뉴런과 시냅스를 구성하는 일이 종종 있다. 한 개의 시냅스에 크기, 방향, 길이, 형태가 다른 수많은 아날로그 신호가 도달했을 때 이를 받은 시냅스 후막에는 전에 없었던 새로운 질의 정보가 태어난다.

우리들은 외부에서 받아들인 다양한 정보를 분석해 무언가를 이해한다. 이런 뇌 활동의 토대에는 시냅스에서 일어나는 아날로그 신호의 '연산'이 있다. '뇌의 통합 기능'은 여기에서 시작된다.

사람들은 자주 뇌를 컴퓨터에 비교하곤 한다. 컴퓨터는 전자 칩을 사용해 연산한다. 이에 비해 뇌는 시냅스를 사용해 연산한다. 이렇듯 뇌는 시냅스에서 아날로그 처리를 통해 터이터를 분석하고 통합해 결론이 나오면 축삭에 활동전위를 발생시켜 온몸을 향해 디지털 명령을 내린다.

제4장

유전자가 나를 움직인다

행동을 알려면 뉴런을 보라

신경이 흥분하는 원리나 신경 정보를 처리할 때 작동하는 요소들의 성질에 대한 이해는 나날이 깊어 갔다. 하지만 뇌 신경계가 개체 전체의 기능을 어떻게 조절하고 행동은 어떻게 일어나는지, 그리고 인간의 마음이란 무엇인지 등의 의문에 대한 답은 신경계 일부의 성질을 연구한다고 알아낼 수 없다. 부품들로 이루어진 기계는 각각의 부품들 이상의 성질을 갖기 때문이다.

뇌는 뉴런이 복잡하게 얽혀 만들어진 시스템이기 때문에 하나의 네트워크로써 뇌가 어떻게 작용하는지 알아내야 한다. 부품에 대한 연구라면 부품을 꺼내 이것저것 철저하게 조사하면 된다. 화살오징어의 거대 축삭을 꺼내 꼬치에 꽂은 실험이 그 대표적인 예이다. 하지만 시스템을 이해하는 것이 목적이라면 뇌 전체를 대상으로 각각의 뉴런이 어떻게 활동하는지 파악하는 것이 중요해진다. 그것도 동물이 행동하는 와중에 이에 호응하는 형태로 활동하는 뉴런이야말로 그 조사 대상이다.

뉴런을 자극하면 행동이 변한다?

뇌 신경계 속에 있는 뉴런에 아주 작은 전극을 꽂아 넣고 세포 내 활동을 기록한 논문을 1952년에 영국의 존 에클스(1963년 노벨상 수상, 그림 4-1) 그리고 1953년에 일본 교토 대학의 아라키 타츠노스케가 발표한 바 있다. 당시에는 크기가 큰 덕에 잘 알려진 척수의 운동 뉴런이 실험 재료로 사용되었다.

그림 4-1 **존 에클스의 시냅스 후전위 연구**

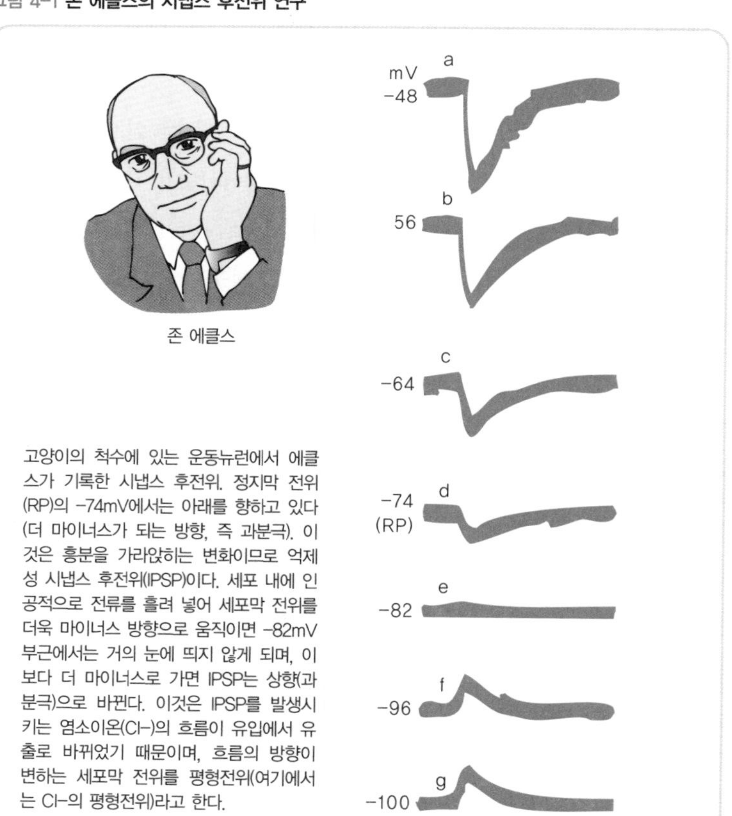

고양이의 척수에 있는 운동뉴런에서 에클스가 기록한 시냅스 후전위. 정지막 전위(RP)의 -74mV에서는 아래를 향하고 있다(더 마이너스가 되는 방향, 즉 과분극). 이것은 흥분을 가라앉히는 변화이므로 억제성 시냅스 후전위(IPSP)이다. 세포 내에 인공적으로 전류를 흘려 넣어 세포막 전위를 더욱 마이너스 방향으로 움직이면 -82mV 부근에서는 거의 눈에 띄지 않게 되며, 이보다 더 마이너스로 가면 IPSP는 상향(과분극)으로 바뀐다. 이것은 IPSP를 발생시키는 염소이온(Cl-)의 흐름이 유입에서 유출로 바뀌었기 때문이며, 흐름의 방향이 변하는 세포막 전위를 평형전위(여기에서는 Cl-의 평형전위)라고 한다.

뇌에 미소전극을 꽂아 넣으면 전극이 세포 속에 들어가지 않더라도 접촉한 뉴런에서 나온 활동전위를 기록할 수 있다(단, 미분 파형이며 그 크기는 수 마이크로볼트). 유리 전극 대신 앞쪽의 끝 부분을 제외한 나머지 부위를 절단한 텅스텐 바늘을 사용하면 전극을 파손할 우려 없이 세포 밖에서 뇌 뉴런의 활동전위를 효율적으로 기록할 수 있었다.

세포 내 기록이든, 세포 밖 기록이든, 뇌 신경계 속 한 개의 뉴런의 활동을 기록하는 이러한 '기술'을 쓰려면 손재주가 좋아야 한다. 아라키 이후로 미소전극을 활용한 생리학은 일본이 주도하고 있다.

더구나 미소전극은 뉴런의 활동을 기록할 뿐 아니라 뇌 속의 소수 뉴런만을 전기로 자극하는 목적으로도 활용되었다. 어떤 뉴런에 전기 자극을 줬을 때 그에 응답하는 뉴런을 찾아 연결된 신경회로를 구분하거나, 한 개 내지 몇 개의 뉴런을 자극해서 동물의 온몸에 행동을 유발하거나 또는 그 운동을 변화시키려는 시도를 하기 시작했다.

행동의 비밀을 밝힐 단 하나의 뉴런

1950년대 중반, 동경의과대학교 치과대학의 하기와라 노부나가와 와타나베 아키라는 매미가 울 때 고막기관이 격렬하게 진동한다는 사실에 관심을 가지고 그 패턴을 만들어 내는 중추신경의 뉴런을 이용해 세포 내 기록을 취했다. 뉴런은 그 소재에 따라 크게 세 가지로 나뉜다. 신체 표면 등 바깥과 접하는 곳, 즉 말초에 세포체가 있어 말초에서 몸의 중심을 향해 정보를 보내는 구심성 '감각뉴런', 몸의 중심 쪽에 세포체가 있어 그곳에서 말초의 효과기(근육이나 분비선)를 향해 원심성으로 정보를 보내 효과기의 기능을 직접 조절하는

'운동뉴런' 그리고 감각뉴런도 운동뉴런도 아닌 말초에 돌기를 뻗지 않고 중추에 모든 것이 모여 있는 '개재뉴런(또는 연합뉴런)'의 세 종류이다. 하기와라와 와타나베가 활동을 기록한 것은 운동뉴런도 감각뉴런도 아니었다. 그것은 운동뉴런에 활동 패턴을 보내는 개재뉴런이었다.

스가 노부오는 귀뚜라미와 같이 우는 소리를 내는 곤충의 청각에 관심을 가졌고, 동료들의 울음소리에 가장 잘 응답하는 뉴런을 귀뚜라미의 뇌 속에서 발견했다. 또한 미국의 케네스 로더는 나방의 중추 뉴런에서 오는 응답을 기록해 나방의 청각이 초음파 영역에 반응한다는 사실을 명확히 했다.

머리가 없어도 교미를 하는 수컷 사마귀?

수컷 사마귀는 교미 중에 암컷에게 머리를 먹혀도 교미를 훌륭히 완수한다(그림 4-2). 로더는 신경 활동 기록을 근거로 그 원리를 설명했다.

곤충의 몸에는 각 절마다 작은 뇌(신경절)가 있는데 그중 몇 개는 서로 융합해 다른 것보다 큰 신경절을 이룬다. 몸의 끝 부위에 있는 신경절이 가장 크며, 이것이 뇌에 해당한다. 그리고 뇌부터 복부 말단의 신경절까지 세로로 이어진 신경선유 다발이 있다. 이것을 복부 신경색이라고 하는데 척추동물의 척수에 해당한다.

교미에 필요한 개개의 운동은 복부 말단에 위치한 신경절의 신경회로에서 만들어진다. 평소 뇌는 복부 말단에 있는 이 회로의 활동을 제어한다. 뇌에서 복부 말단 신경절까지 이어진 긴 개재뉴런을 지나 제어 신호가 전달되기 때문이다. 뇌가 이 제어를 해제하면 교미 행동

그림 4-2 **시작하면 끝까지 프로그램대로 진행되는 정형행동인 사마귀의 교미**

수컷 사마귀는 암컷과 교미할 때 머리를 암컷에게 먹혀도 교미를 완수할 수 있다.

프로그램이 말단 신경절에서 작동하기 시작한다. 물리적으로 머리가 떨어져 나가도 이처럼 제어가 해제된다. 그것도 더 완벽한 형태로!

행동 중인 곤충의 뇌에서 뉴런의 활동 기록을 얻는 이런 연구들은 행동학이 중요시했던 '내발적' 행동이 어떻게 만들어지는지 그 구조를 추적했다.

뇌 자극에 중독된 쥐

1950년대부터 1960년대 초까지 행동주의 진영은 척추동물을 이용해 행동과 뇌 신경 활동의 관계를 밝혀내려는 연구를 계속 발표했다. 특히 뇌에 전기 자극을 주어 행동을 제어하는 연구 경향이 그 시대를 풍미했다. 그 중심 인물 중 한 명이 제임스 올즈이다. 그는 쥐의 뇌에 전극을 심어 고정하고 전극과 실험 장치를 리드선으로 연결해 쥐를 구속하지 않고 자유롭게 상자 속을 돌아다니게 했다.

스키너의 실험에서는 상자 한쪽 끝에 손잡이가 있어 그 손잡이를 누르면 보상으로 먹이를 먹을 수 있었다. 쥐가 우연히 손잡이를 눌러 먹이가 나오면 그 후 계속해서 손잡이를 눌러 먹이를 얻었다. 이

쥐의 뇌에 꽂은 전극에 전류를 흐르게 만들고, 뇌의 특정 부위에 가해지는 전기 자극이 능동적 조건형성의 보상으로 작용한다는 것을 입증했다.

그림 4-3 **제임스 올즈의 자기자극 실험**

능동적 조건형성을 한층 더 진보시킨 것이 올즈이다. 그는 손잡이를 누르면 먹이가 나오는 것이 아니라 뇌에 심은 전극에 전류가 흐르도록 했다(그림 4-3). 그러자 쥐는 전극을 심은 뇌 속 부위에 따라 끊임없이 손잡이를 눌렀다. 쥐는 격렬하게 버튼을 눌렀고, 누르는 데만 몰두했다. 즉, 뇌의 특정 부위에 가해진 전기 자극은 더할 나위 없는 쾌감을 주며 그것이 보상이 되어 능동적 조건형성이 성립한다. 이를 '자기자극 실험' 이라고 한다.

뇌 자극에 중독된 인간

1963년에 R. G. 히스 팀은 더욱 놀라운 자기자극 실험 결과를 보고했다. 이들은 기면증 환자의 뇌에 14개의 전극을 꽂아 고정했다. 기면증이란 갑자기 의식을 잃고 잠에 빠지는 질환으로 돌연히 발작을 일으켜 쓰러지기 때문에 매우 위험하다.

히스 팀은 14개의 단추 중 하나를 누르면 각각 연결된 전극에 전류가 흐르는 장치를 활용했다. 그리고 발작이 일어날 조짐이 보이면 좋아하는 단추를 눌러 잠에 빠지지 않게 하라고 환자에게 설명했다. 그러자 어떤 남성 환자는 특정 전극만을 몇 번이나 눌러 자극을 줬다. 그 이유를 묻자 "이 단추를 누르면 성적인 쾌감이 느껴져 기분이 좋아지지만, 절정에 달할 듯하면서도 달하지 않는다."라고 대답했다. 그 한 개의 전극은 뇌의 '중격부septal region'라는 부위에 들어 있었다. 중격부는 말하자면 정동의 뇌, 대뇌변연계의 한 켠에 있는 쾌감 발생 센터였다.

인간의 뇌에 직접 자극을 주다

히스 팀보다도 먼저 인간의 뇌를 계통에 따라 전기로 자극해 그 효과를 연구한 사람은 캐나다의 외과 의사인 와일더 펜필드(그림 4-4)였다. 실제로 1000명 이상의 피실험자들을 대상으로 한 대규모 실험이었다.

약으로 치료할 수 없는 위중한 간질 환자를 대상으로 좌우의 뇌를 연결하는 신경선유 다발을 절단하는 수술을 하고 간질이 뇌 전체에 퍼지지 않도록 제어하는 치료를 실시했다. 실험은 수술 도중에 진행되었다. 머리 표면을 국소마취하고 뇌를 노출시킨다. 뇌 자체는 통증 감각이 없기 때문에 뇌를 노출한 상태에서도 환자와 아무렇지도 않게 대화할 수 있다.

펜필드는 뇌 표면에 금속 전극을 대고 짧은 전류를 흘려보내 몸에 어떤 일이 일어나는지, 환자가 어떻게 느끼는지 조사했다. 인간의 뇌

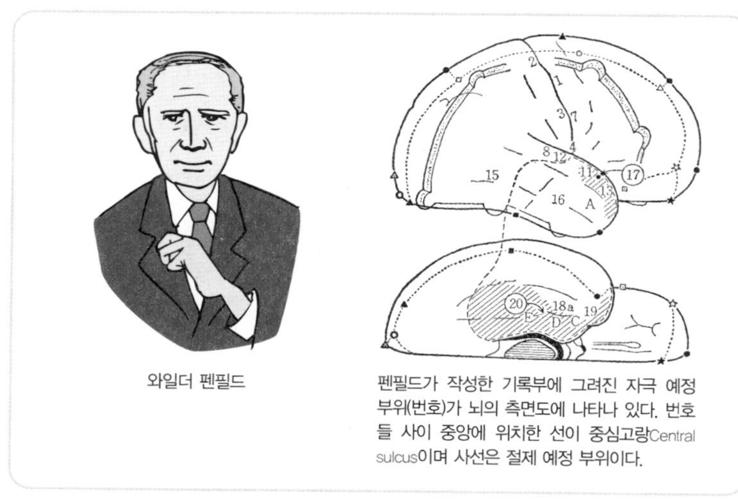

와일더 펜필드

펜필드가 작성한 기록부에 그려진 자극 예정 부위(번호)가 뇌의 측면도에 나타나 있다. 번호들 사이 중앙에 위치한 선이 중심고랑Central sulcus이며 사선은 절제 예정 부위이다.

그림 4-4 **펜필드의 인간 뇌 전기 자극 실험**

표면을 감싸고 있는 '대뇌피질'은 고등 포유류일수록 잘 발달해 있으며 진화상으로는 비교적 새롭게 생긴 뇌 부위이다. 이 대뇌피질의 한가운데에는 정수리부터 바닥까지 깊은 고랑이 이어져 있다. 펜필드는 이 중심고랑을 따라 위에서부터 아래로 자극을 줬다.

뇌 자극으로 몸을 움직이다

중심고랑의 앞쪽(전두엽) 둘레를 따라 자극하자 전극을 댄 위치에 따라 몸의 일정 부위가 꿈틀거렸다. 정수리에서 가장 가까운 곳부터 순서대로 자극하자 먼저 발가락, 발목, 무릎, 엉덩이, 몸통의 순으로 움직였고, 이어 어깨에서 손끝, 목에서 얼굴의 각 부위로 향하다가 마지막으로 '꿀꺽' 소리를 내는 운동이 최하부에 가해진 자극에 반응해 나타났다. 뇌 단면도의 자극 부위에 따라 움직임이 일어난 신

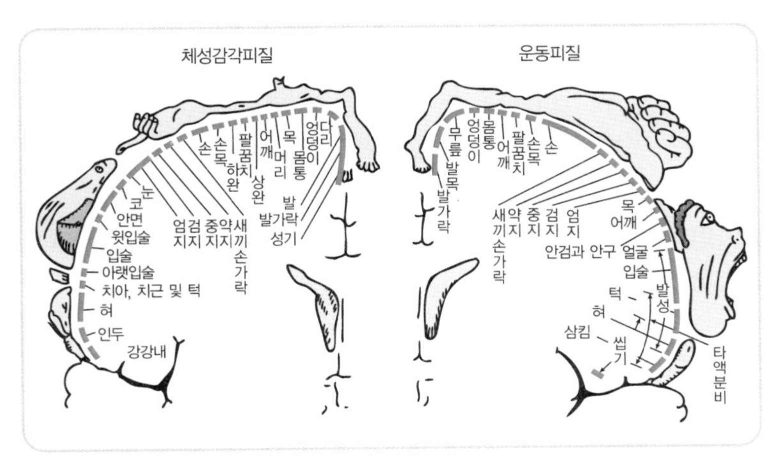

그림 4-5 **펜필드의 '소인간'**

체 부위를 그린 모식도를 '펜필드의 소인간'이라고 한다(그림 4-5).

발은 모두 작고 손바닥은 엄청 크다. 또 얼굴에서는 입과 관련된 곳들이 상대적으로 크다. 작게 그렸다는 것은 그 신체 부위에 대응하는 뇌의 면적이 좁다는 뜻이다. 반대로 크게 그린 신체 부위는 그에 대응하는 뇌의 면적이 넓다. 손바닥과 발 움직임의 특징을 비교해 보면 발은 대략적이나 손은 섬세하다. 손끝만큼 섬세한 움직임이 문제가 되는 곳은 없으며, 그와 동등한 움직임을 발가락에 기대하는 사람도 없다. 즉, 작고 섬세한 운동을 실현하기 위해서는 그만큼 넓은 뇌 영역이 필요하다.

펜필드의 이 실험으로 중심고랑의 앞쪽에 펼쳐진 대뇌피질 영역이 구체적인 움직임을 지시하는 부위라고 밝혀졌다. 이 영역을 '운동피질motor cortex'이라고 한다.

뇌 자극으로 감각을 전달하다

펜필드가 중심고랑 뒤편(두정엽頭頂葉)을 자극하자 이번에는 몸의 어떤 곳도 움직이지 않았다. 대신 자극을 받은 사람은 몸의 특정 부위가 근질근질하거나 누군가 만지고 있는 듯한 감각을 느꼈다.

그리하여 누가 만지는 듯한 감각을 느낀 신체 부위를 뇌의 자극 부위에 얹어 그려 보자 또 하나의 '소인형' 이 완성됐다. 신체 부위가 늘어선 형태나 크기의 비율 모두 중심고랑 반대편에 있는 운동피질과 매우 흡사했다. 세밀한 운동을 하는 신체 부위는 감각에서도 민감하게 만들어졌다. 촉각과 관계된 대뇌피질 영역을 '체성감각피질somatosensory cortex' 이라고 한다.

뇌 자극으로 기억을 되살리다

펜필드가 전극을 더 하단으로 내려 측두엽에 자극을 주자 운동도 감각도 아닌 새로운 현상이 일어났다. 그것은 기억의 재생인 '플래시 백' 이었다.

어떤 환자는 측두엽을 자극하자 동시에 "아아, '오, 마리' , '오, 마리' 의 노래야. 누군가가 부르고 있어."라고 말했다. 펜필드가 전기 자극을 멈추자 그 노래는 들리지 않았고, 한참 후 그 자리에 그대로 두었던 전극에 전류를 흐르게 하자 환자는 "같은 노래가 이어서 들리기 시작해."라고 답했다고 한다. 뇌에 그저 전기를 흘려보낸 것만으로도 제대로 된 시간의 흐름에 따라 노래의 기억이 되돌아왔다. 다른 환자는 측두엽에 자극을 받았을 때 거리의 네온사인에 대한 기억이 선명하게 떠올랐다. 또 다른 환자의 경우, 자극에 따라 보이는 광경이 확 멀어지거나 소리가 갑자기 가까워지는 듯한 감각을 경험했다. 전기 자극이 '기시체험'을 불러일으키는 일도 있다. 지금 체험하고 있는 사건을 이전에도 경험한 것처럼 느끼는 현상이다.

M. M.이라는 이니셜로 기록되어 있는 26세 여성의 사례를 보면 그녀에게 되돌아온 기억은 더욱 구체적이다. 기록을 보면 뇌를 찍은 사진이 있고, 그 위에 자극이 가해진 부위가 번호로 표시되어 있다. 13번 부위를 전기로 자극하자 떠돌이 서커스단의 풍경이 떠올랐다. 전극을 조금 이동시켜 17번 위치에서 자극을 주자 사무실에서의 일이 떠올랐다. 누군가가 연필을 들고 책상에 기대어 그녀를 부르고 있었다. 전류를 한 번 중단시킨 후 다시 자극을 주면 사무실 장면이 이어지면서 마치 드라마 중간에 광고를 본 뒤 다시 이어 보는 것처럼 기억이 되돌아왔다고 한다.

이렇듯 매초 40~80발의 단조로운 전기 자극을 측두엽에 가하는 것만으로도 구체적으로 기억이 재생된다. 또한 측두엽 일부를 잃은 환자가 기억상실증에 걸리는 사례가 여럿 보고되면서 측두엽이 기억과 긴밀한 관계가 있다는 것이 명확해졌다.

펜필드의 이런 연구를 바탕으로 뇌 부위마다 다른 일을 분담하고 있다는 '기능국재機能局在, localization of cerebrum'라는 발상이 나왔다. 단, 한 개의 기능이 작용하기 위해서는 많은 부위들의 연대 작업이 필요한 것도 사실이다.

멍하니 앉아 있어도 뇌는 움직인다

뇌를 자극하는 실험과 함께 뇌 속 뉴런의 활동을 기록하는 실험도 진행되었다. 눈이 본 것을 지각하는 구조를 이해하기 위해 시각과 관계된 뇌 영역에 미소전극을 꽂아 뉴런 각각의 활동전위를 기록하

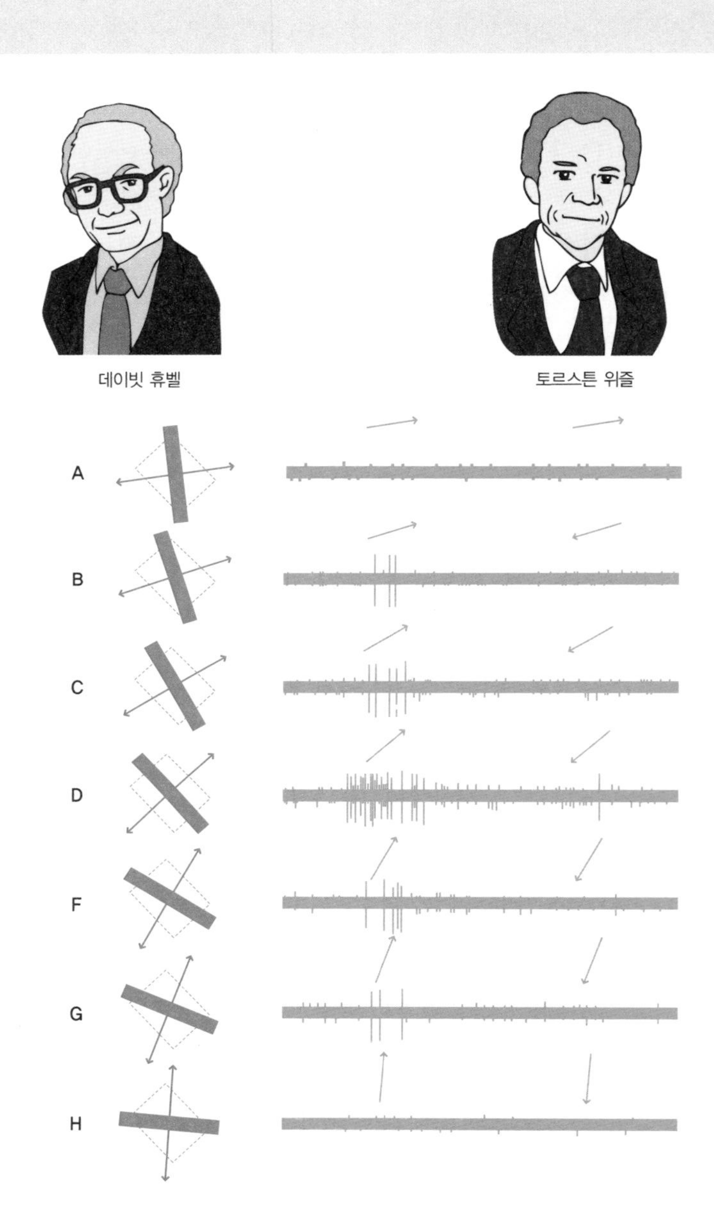

시각피질에 존재하는 방향을 검지하는 뉴런. 왼쪽 도형을 제시했을 때 뉴런이 발생한 활동전위를 오른쪽에 나란히 표시했다.

그림 4-6 **휴벨(왼쪽)과 위즐(오른쪽)의 시각 정보 처리 연구**

는 연구가 1960년대에 유행했다.

그 선두에 선 사람이 하버드 의과대학의 데이비드 휴벨과 토르스튼 위즐(1981년 노벨상 수상, 그림 4-6)이었다. 눈의 망막에서 길게 이어진 시신경(신경절 세포라고 하는 뉴런 집단의 축삭 다발)은 좌우로 교차해 뇌로 들어간다.

뇌 속 최초의 중계 기지가 '외측슬상핵lateral geniculate nucleus, LGN' 이라는 부위이다. 여기에서 정보는 다음 뉴런으로 전달된다. 외측슬상핵을 벗어난 정보는 '대뇌 시각피질visual cortex' 로 간다. 시각피질은 '제1차 시각피질' (V1)에서 시작해 이후 여섯 개의 시각피질을 거쳐 단계적으로 구성된다. 이 일곱 단계의 처리 과정을 거쳐 눈으로 본 것을 지각한다. 단지 보기만 하는 데 일곱 단계나 필요한지 의문이 들지만 아무 생각 없이 뭔가를 보는 일도 꽤나 복잡한 원리를 바탕으로 한다.

시신경의 분업 체제

휴벨과 위즐, 시몬 르베이는 원숭이와 고양이의 시신경 경로 군데군데에 미소전극을 꽂고 눈(망막)에 빛을 비춰 그 위에 있는 각각의 뉴런들이 어떻게 반응하는지 면밀히 연구했다. 최초 중계점인 외측슬상핵에 있는 뉴런들 대부분은 둥근 빛을 비췄을 때 반응했으며, 그 반응 패턴은 불을 껐을 때 활동전위를 순간적으로 야기할 뿐이었다.

제1차 시각피질(V1)의 경우, 뉴런이 둥근 빛에 반응하긴 했지만 막대기 형태의 빛에 더 강하게 반응했다. 게다가 뉴런마다 '선호하는' 각도가 있어 그 각도에 맞게 기울어진 막대형 빛에 강하게 반응했다. 외측슬상핵 뉴런이 망막 위의 '점' 을 '보는' 반면, V1의 뉴런은 '선'을 '볼' 수 있다. 이는 외측슬상핵에 있는 어떤 다른 '점'들을 보고 있는 여러 개의 뉴런들이 시냅스를 통해 V1에 있는 한 개의 뉴런으로 정보를 보내고, 후자에 '선'을 그렸기 때문이라고 생각된다. V1의 뉴런은 더 이상 둥근 빛에 반응하지 않으며 일정 각도의 막대형 빛에만 반응한다.

또 움직임과 형태, 색상은 최초 시각 단계부터 분류되어 전달된다. 즉, 제4차 시각피질(V4)이 있는 부위에 이상이 생기면 색상을 지각하지 못하며, 따라서 형태와 움직임은 잘 보이지만 흑백 세계를 보게 된다.

뇌는 세상을 어떻게 인식할까?

일반적으로 뇌의 수준이 높아짐에 따라 복잡한 도형에만 반응하는 뉴런이 나타나기 시작한다. 시각에서 가장 고차원적인 부위는 하측두엽의 'IT피질'이라고 불리는 부위로, 원숭이를 대상으로 한 실험에서 수박이나 바나나, 더 나아가 사람의 얼굴에만 반응하는 뉴런이 보고되었다(그림 4-7).

극단적 견해로 보자면 세상에 존재하는 것들 하나하나에는 '그것만을 구별해 반응하는 뉴런'이 존재한다는 가설을 세울 수 있다. 이는 '할머니를 구별하는 뉴런'이 존재한다는 것과 마찬가지 사고방식이라며 언제부턴가 '할머니세포설'로 불리게 되었다.

하지만 무한한 세상을 인식하기 위한 시스템 속에 유한한 세포를 대응하는 것은 앞뒤가 맞지 않았다. 또, 본 적도 없는 것에 대응하도록 각각의 세포가 준비되어 있기는 어렵다는 비판이 힘을 얻어 갔다. 대신 몇 가지 특징을 잡아내는 뉴런이 집단적으로 활약해서 복

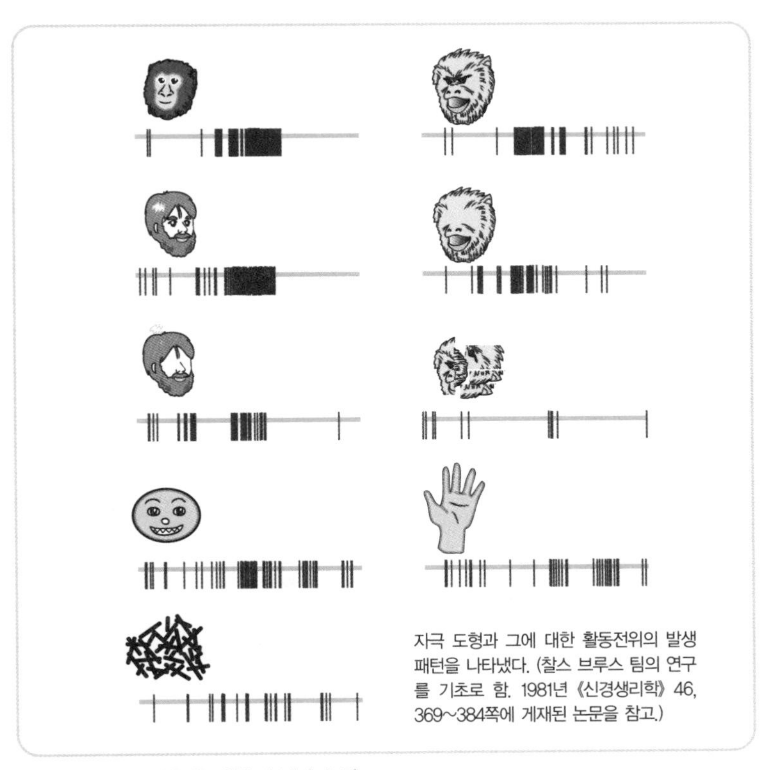

그림 4-7 **얼굴에 반응하는 원숭이 뇌 속 뉴런**

잡한 대상을 인지할 수 있다는 견해가 우세해졌다.

한편으로는 할머니세포설이 다시 힘을 얻는 조짐이 보였다. 최근 한 스위스 연구팀은 간질 치료를 위해 뇌 수술을 할 때 미소전극을 사용해 인간 뇌의 활동전위를 기록한 실험 결과를 발표했다.

내가 좋아하는 배우의 전용 뉴런

스위스 연구팀의 보고에 따르면 어떤 환자의 내측두엽에는 특정 여배우에게만 반응하는 뉴런이 있었다. 수많은 인물과 풍경 등 다양한 사진을 보여 줬지만 이 뉴런이 반응한 것은 그 여배우와 관계된 것뿐이었다.

이 뉴런은 그 여배우의 사진에는 각도나 의상에 상관없이 활동전위를 발생했다. 하지만 많이 닮은 다른 여배우에게는 전혀 반응하지 않았다. 그 반면, 해당 여배우와 공연한 적이 있는 어떤 남자 배우를 보여 주자 뉴런은 흥분했고, 게다가 여배우의 모습이 보이지 않아도 그 이름만으로 활동전위가 발생했다.

이런 점들을 근거로 이 뉴런은 여배우와 관련된 온갖 것들의 특징을 꺼내 '그 여자다.'라고 이해할 때 작용하는 세포라고 생각되었다. 내측두엽에서 관찰된 137개의 뉴런 중 무려 44개가 이 사례와 마찬가지로 어떤 특정 인물과 연관된 자극에만 반응했다고 한다.

누군가의 이름을 듣고 그 사람의 얼굴을 떠올리거나 목소리를 상기할 때는 분명 이런 종류의 뉴런이 활동하는 듯하다. 반대로 본 적이 있는 얼굴인데 이름이 생각나지 않거나, 어디에서 만났던 사람인지 모르는 이유는 정보들이 이 뉴런에 제대로 도달하지 않았기 때문이다.

재미와 발견, 두 마리 토끼를 잡는 뉴런 연구

포유류, 특히 인간의 뇌에서 일어나는 뉴런의 활동을 보면 자연스레 우리의 경험이나 의식과의 연관성을 고려하게 된다. 덕분에 흥미가 떨어지는 일은 없는 반면, 뇌의 활동이나 구조가 너무나 복잡하기 때문에 각각의 뉴런이 동물(또는 인간)이라는 개체 자체의 행동과 어떻게 연관되는지 구체적으로 명확히 할 수 없다는 난점이 있다.

이 문제를 해결하기 위해서는 보다 단순한 신경계를 가지고 틀에 박힌 행동(정형적 행동양식)으로 자극에 반응하는 '하등' 척추동물이나 무척추동물을 이용하는 것이 유리하다.

1960년대 후반에서 1970년대까지 이런 접근을 철저히 추진한 인물이 독일의 페타 외르크 에버트였다. 그가 선호했던 실험용 동물은 두꺼비였다. 두꺼비에게 무엇보다 중요한 것은 만난 상대가 자신의 먹이인지 아니면 자신이 상대의 먹이가 되는지 알아보는 일이다. 즉 '먹이'와 '포식자'의 식별이다.

그림 4-8 **두꺼비의 포식행동**

두꺼비가 먹이나 포식자와 만났을 때 취하는 행동은 극도로 정형적이다. 먹이를 발견한 두꺼비는 일단 그것을 향해 돌아선다. 이어 먹이에 살그머니 다가가 두 눈으로 그것을 포착하고 혀로 먹이를 감아 잡고 삼킨 뒤 앞다리로 입을 닦으면 끝이다(그림 4-8). 한편 운 나쁘게 뱀 같은 포식자와 마주치게 되면 두꺼비는 일어나 몸을 부풀린 다음 다리로 버티는 자세를 잡고 옆구리를 드러냈다. 이것이 회피행동 패턴이다.

먹느냐 먹히느냐, 답은 뇌에 있다

아주 간단한 모형으로 두꺼비를 자극하면 이 두 종류의 행동이 나타난다. 긴 막대기 모양을 보면 먹이를 포획할 때의 행동 패턴을 보

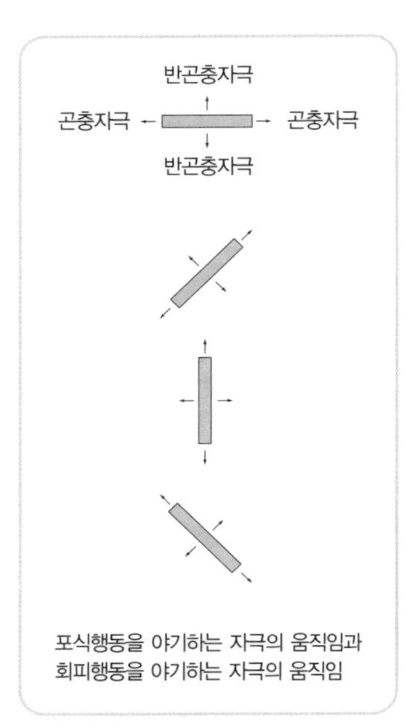

그림 4-9 **곤충자극과 반곤충자극**

이지만, 이 막대기 위에 작은 네모를 그려 넣고 그 둘을 얇은 선으로 이으면 이 모형에 대해 회피행동을 보인다. 전자는 먹이인 애벌레, 후자는 포식자인 뱀이 머리를 들고 있는 모습으로 인식하는 듯하다.

연구를 계속하자 같은 막대기 자극을 사용해 포식행동과 회피행동 모두를 일으킬 수 있다는 사실을 알아냈다. 막대기를 가로로 움직이면 두꺼비에게 포식행동을 취하게 할 수 있다. 반대로 막대기를 세로로 움직이면 회피행동을 일으킨다. 에버트는 짧게 가로로 움직이는 자극을 '곤충 자극', 길게 세로로 움직이는 자극을 '반反곤충 자극'이라고 불렀다(그림 4-9).

시각 정보는 망막 신경절 세포의 축삭 상에 있는 시상-시개전역과 '시개視蓋, optic tectum(포유류에서는 상구上丘, superior colliculus)'로 전달된다. 이 위치에 미소전극을 꽂아 곤충 자극이나 반곤충 자극을 주고 개개의 뉴런을 관찰했다. 그러자 신경절 세포는 어느 쪽 자극에 대해서도 별 반응을 보이지 않았다. 이에 비해 시상-시개전역에서는 반곤충 자극에 강하게 반응하는 뉴런이 발견되었다.

한편, 곤충 자극에 반응하는 뉴런은 시개에 있었다. 여기에서도 뇌의 윗부분에서는 처음으로 일정 특징을 가진 자극에 반응하는 뉴런이 나타났다. 이어 시개에 전기 자극을 주면 먹이를 포획하는 행동이 나타났다. 시상-시개전역에 전기 자극을 주면 회피행동이 일어났다. 시상-시개전역(반곤충 자극에 반응하는 부위)은 시개의 곤충 자극에 반응하는 뉴런을 향해 억제 신호를 보낸다. 이 억제 경로를 파괴하면 두꺼비는 자신에게 주어진 자극이 먹이인지 포식자인지 더 이상 구분할 수 없게 된다. 반곤충 자극 검출기로 작용하는 뉴런과 곤충 자극 검출기로 작용하는 뉴런은 억제 신호를 매개로 서로 소통하면서 어느 한쪽의 행동 유형을 선택하는 듯하다.

뇌 속의 백악관 명령뉴런

이미 설명한 것처럼 하기와라와 와타나베 그리고 로더는 무척추동물을 실험 재료로 사용해 행동을 일으키는 신경 활동을 관찰했다. 이어서 뇌에 자극을 가해 행동을 유발하는 연구가 성공을 이뤘다. 그중 가장 성공적인 사례는 갑각류의 '유영각遊泳脚' 운동을 재현한 C.A.G. 비어스마와 이케다 카즈오의 1964년 연구이다. 유영각을 몸마디의 앞뒤를 향해 규칙적으로 번갈아 흔들어 저으면 물속에서 추진력이 생긴다(그림 4-10). 이 율동하는 듯한 주기적 운동은 뇌부터 몸체 뒤편을 향해 이어져 있는 복골(인간의 척추에 해당) 속을 지나는 개재뉴런의 축삭(신경선유)이 조절한다.

이 축삭을 단순한 전기 펄스로 자극하기만 해도 이 유영각들은 앞쪽 몸마디부터 뒤쪽 마디의 방향으로 완벽하게 움직인다. 그래서 연구진들은 이 뉴런을 '명령선유' 라고 불렀다. 특정 개재뉴런에 패턴이 없는 활동전극이 발생하기만 해도 일련의 행동(과 그 기반이 되는 패턴을 가진 운동 출력)이 일어날 때 그 개재뉴런을 '명령뉴런' 이라고 정의한다. 이후 이 명령뉴런의 정의에 딱 맞는 사례가 보고되었다.

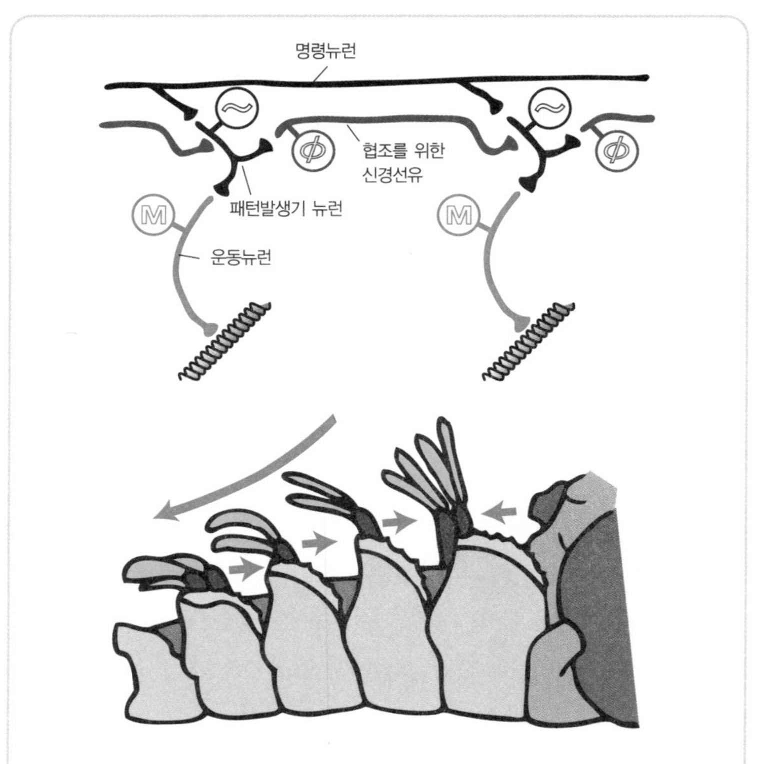

가재 유영지의 운동패턴(아래)과 그것을 제어하는 신경회로의 모식도. M은 운동뉴런이고 그 끝에 붙은 것이 유영지를 움직이는 근육이다. 물결 모양의 선들은 주기적으로 흥분하는 패턴발생기 뉴런이고, 그것을 제어하는 명령뉴런이 있다.

그림 4-10 **명령뉴런 연구**

귀뚜라미 울음소리의 과학

예를 들어 독일 막스플랑크 행동생리학연구소의 프란츠 후버, 미국 데이비드 벤틀리와 론 호이의 유명한 연구인 귀뚜라미의 소리를 제어하는 명령뉴런을 들 수 있다.

귀뚜라미는 날개 뒤에 까칠까칠한 '줄'이 있어 그것을 다른 쪽 날

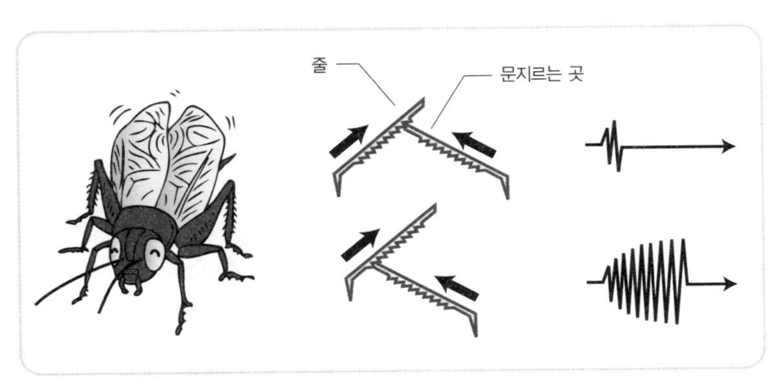

그림 4-11 **귀뚜라미가 소리를 내는 구조**

개의 '문지르는 곳'에 문질러 소리(노래)를 만든다(그림 4-11). 이 소리는 종마다 패턴이 정해져 있고, 같은 종이라도 장소에 따라 다른 소리를 낸다.

수컷은 암컷을 부를 때 날개를 문질러 소리를 낸다. 암컷을 만난 수컷은 '암컷을 유혹하는 소리'를 내 교미를 유도한다. 또 수컷끼리 만나면 '공격하는 소리'를 내 서로를 위협한다(그림 4-12).

귀뚜라미의 소리는 '음절'이라는 연속된 음의 진동(펄스)을 단위로 해 이루어진다. 줄의 이빨 한 줄에 날개를 문지르면 한 번의 음이 진동한다. 날개를 한 번 닫으면 열 개 정도의 이빨에 문지르기 때문에 한 개의 음절이 발생한다. 음절이 짧은 간격으로 여러 번 반복되면 '처프chirp'라는 음의 집단을 만들고 이것이 여러 번 연속되면 하나의 소리가 된다.

소리의 종류마다, 귀뚜라미의 종류마다 이 음절과 처프의 구성이 다르다. 소리의 패턴에 차이를 만드는 것은 날개를 움직이는 근육의 활동 패턴의 차이이며, 근육의 활동 패턴의 차이를 만드는 것은 그것을 조절하는 운동뉴런 집단의 활동전위 발생 패턴의 차이이다.

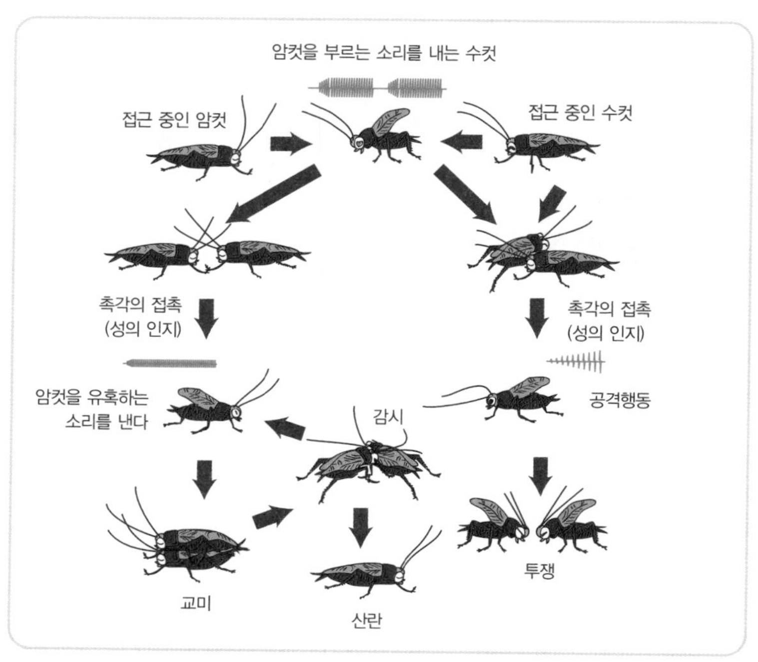

그림 4-12 **귀뚜라미의 행동패턴**

이것이 명령뉴런이다

이미 언급한 것처럼 곤충의 중추신경계는 각 몸마디에 존재하는 신경절이 몸마디를 넘어 세로로 연결되어 있다. 날개는 세 몸마디 중 가슴통에 붙어 있고, 날개를 움직이는 운동뉴런은 흉부에 대응하는 신경절에 세포체가 있어 그곳으로부터 나온 축삭이 운동신경을 형성해 근육을 지배한다(그림 4-13).

날개의 주기적 운동을 야기하는 신경신호는 이 흉부 신경절 속 신경회로의 작용으로 만들어진다. 하지만 어떤 노래를 위해 '운동프로그램'을 작동시킬지 결정하는 것은 신체의 가장 앞쪽에 붙은 뇌이다.

곤충의 뇌 속에서 다양한 감각정보를 통합하는 역할을 하는 것이

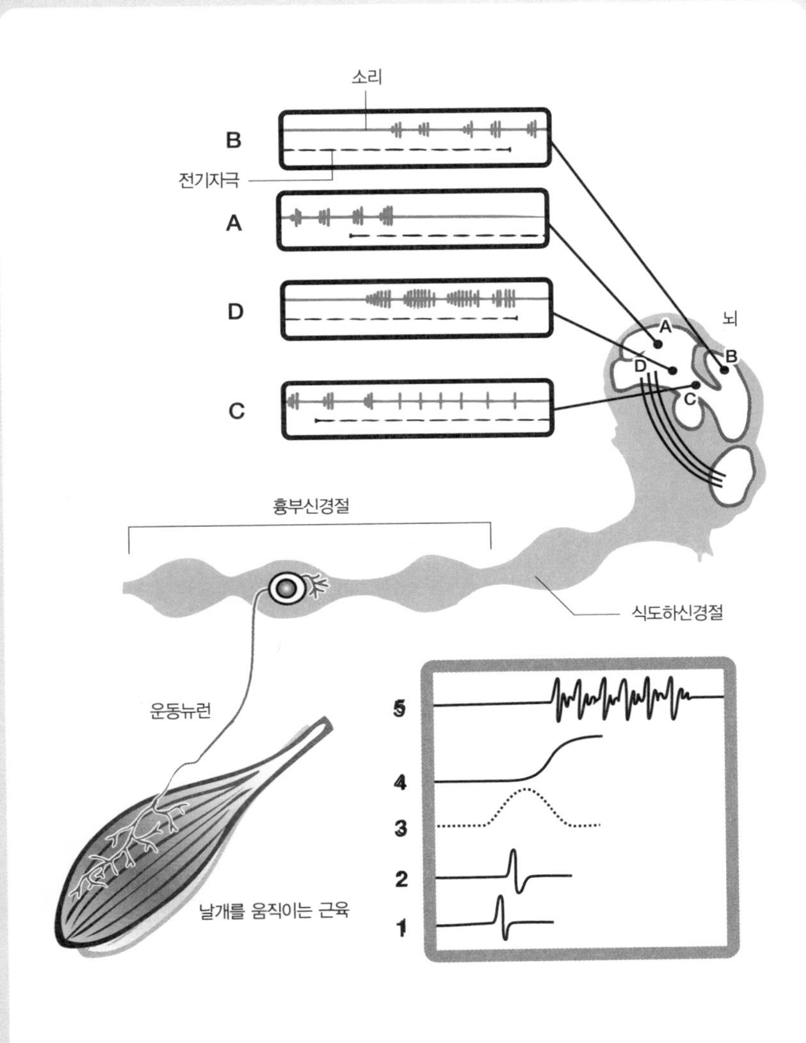

뇌에 전기자극을 주면(파선) 암컷을 부르는 소리(실선)를 멈추거나(A) 반대로 시작한다(B). 뇌의 자극에 따라 내는 소리가 암컷을 유혹하는 소리로 바뀌거나(C) 상대를 공격하는 소리로 바뀌기도 한다(D). 위의 실험에서 자극한 부위가 아래의 뇌 신경계 모식도에 A–D로 표시되어 있다. 실험 중 처프(5), 날개의 움직임(4), 근수축(3), 근육의 활동전위(2), 신경의 활동전위(1)를 기록했다.

그림 4-13 **뇌 전기자극으로 발생하는 귀뚜라미의 다양한 소리**

'버섯체mushroom body'이다. 염색한 뇌의 조직 단편을 만들어 관찰해 보면 마치 버섯 같은 형태를 볼 수 있다고 해서 이런 이름이 붙여졌다. 후버를 비롯한 연구원들은 이 버섯체에 미소전극을 꽂아 곤충의 머리를 감싸고 있는 딱딱한 '각피'에 전극을 고정해 얇은 와이어를 연결하고 자극장치를 연결했다. 그 상태에서 귀뚜라미는 자유롭게 행동할 수 있다. 전극을 통해 버섯체를 자극하자 귀뚜라미를 소리 내게 할 수 있었다. 게다가 단순한 전기 진동의 빈도를 바꾸기만 해도 암컷을 부르거나 유혹하는 소리 또는 수컷을 위협하는 소리로 바꿀 수 있었다(그림 4-14).

더 나아가 벤틀리는 뇌와 흉부 신경절을 잇는 세로로 된 신경 연합을 세밀하게 찢어 거의 한 가닥의 축삭만을 남겨 놓고 그것을 자극했고, 그 결과 흉부 신경절에서 소리 패턴에 맞는 운동 출력을 발생시킬 수 있었다.

이렇게 해서 특정 개재뉴런이 단독으로 행동하기만 해도 동물 개체가 보이는 복잡한 행동을 야기할 수 있다는 것이 명확해졌다.

암컷이 끌리는 수컷의 소리

벤틀리와 호이는 귀뚜라미의 소리가 종에 따라 어떤 유전적 장치를 근거로 달라지는지 밝혀내려 했다. 그들은 서로 다른 종이면서 교배하면 잡종을 만들 수 있는 호주산 귀뚜라미 두 종에 주목했다. 이 두 종의 수컷이 암컷을 부르기 위해 내는 소리는 그 처프의 구조가 확실히 다르다(그림 4-14).

교배종 수컷이 암컷을 부르기 위해 내는 소리는 부모 두 종의 소리를 섞은 듯한 중간 패턴이 나타났다. 하지만 어느 종이 모친이고

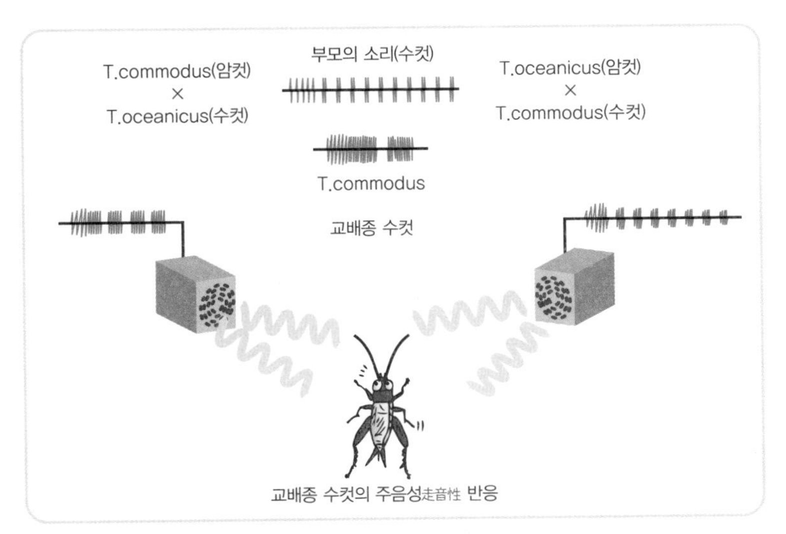

그림 4-14 **호주산 귀뚜라미 두 종과 둘의 잡종이 내는 소리**

부친이냐에 따라 태어난 교배종 수컷이 내는 소리의 패턴이 달랐다.

암컷 귀뚜라미는 스피커에서 흘러나오는 수컷의 소리에도 반응해 접근행동을 취한다. 그래서 두 개의 스피커를 준비해 모친과 부친을 반대로 조합해 태어난 수컷 두 마리가 암컷을 부르는 소리를 각각 틀어 암컷이 어느 쪽으로 가는지 실험해 봤다.

흥미롭게도 교배종 암컷은 자신과 같은 종을 모친으로 하는 수컷의 소리에 더 강하게 끌렸다. 모친과 부친의 종을 반대로 조합해 태어난 수컷의 소리에 다가가는 교배종 암컷은 소수였다.

함께 유전되는 수컷과 암컷의 소리 취향

왜 그런 것일까? 귀뚜라미의 경우, 성염색체가 XX조합인 개체가 암컷이 되고 X염색체가 한 개밖에 없는 개체는 수컷이 된다. X염색체를 한 개 가진 정자와 X염색체가 없는 정자가 있다는 얘기다. X염색체가 없는 정자로 수정된 알은 수컷으로 발달하고, X염색체가 있는 정자로 수정된 알은 암컷이 된다.

교배종인 자손들은 성염색체 외의 모든 염색체(상염색체)가 두 개 종으로 된 이형접합이며, 교배 방향(어느 쪽 종이 모친인가 하는 것)과는 상관없이 완전히 동일한 조건을 가지게 된다. 암컷을 부르는 소리의 패턴이 교배 방향에 따라 다르다는 것은 소리의 구조가 X염색체 상의 유전자군에 따라 결정된다는 점을 시사한다.

교배종 암컷의 소리 취향도 마찬가지다. 교배종 암컷은 자신과 같은 교배 방향으로 태어난 수컷의 소리를 더 선호했다. 이는 소리 패턴을 만드는 유전자군(수컷이 활용하는 유전자군)과 소리를 듣는 개체의 취향을 지배하는 유전자군(암컷이 활용하는 유전자군)이 동반해(X염색체에 얹혀서) 유전되기 때문이라고 생각된다.

벤틀리와 호이는 본능적, 생득적 커뮤니케이션에 관계된 유전자군을 이러한 실험을 통해 알아내려 했다. 하지만 귀뚜라미의 유전학적 연구는 이전에 거의 행해진 바가 없었기 때문에 염색체 상의 어디에 어떤 유전자가 있는지, 어떤 생화학적 작용을 하는지 등의 심도 있는 연구는 포기할 수밖에 없었다.

행동을 제어하는 유전자의 실체는 유전학적 방법을 충분히 활용할 수 있는 과실파리를 이용해 약 10년 후 드디어 밝혀졌지만, 이에 대해서는 다음 장에서 자세히 언급하겠다.

뉴런을 하나하나 식별할 수 있을까?

이렇게 해서 뉴런들 각각의 작용과 특정 행동을 연결시켜 이해할 수 있는 정도까지 신경 기반의 행동 연구가 진행되었지만 그것을 실현하기에는 아직 넘어야만 하는 큰 벽이 남아 있었다. 전기 활동을 기록하거나 전기 자극을 가하는 실험 대상인 그 뉴런들이 어떤 형태의 무슨 뉴런인지 확실하지 않았다. 실험할 때마다 대상으로 한 뉴런이 똑같은 것인지 아니면 유사한 성질을 가진 다른 뉴런인지 애매했다. 엄밀하게 말해 과학의 재현성을 추구하기 위해서는 뉴런 하나하나를 식별하여 그 전체에 식별 번호를 붙이고 싶을 따름이었다. 다른 동물을 활용하더라도 실험 중인 그 뉴런이 동일한(대응하는) 뉴런이라는 보장이 없다면 재현성을 확립했다고 할 수도 없었다.

즉, 뉴런 하나하나를 식별해야 했다. 이 문제를 한 번에 해결한 것이 '세포 내 색소 도입법'의 개발이었다. 뉴런에 유리 미소전극을

그림 4-15 **세포 내 색소 도입법**

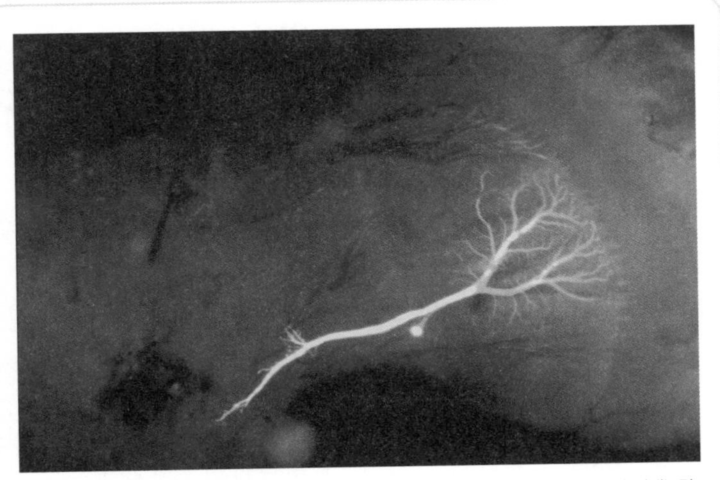

세포 내 기록을 취한 후 전극에서 루시퍼옐로우 색소를 주입해 염색된 파리의 운동 탐지 개재뉴런

군소는 뉴런 수가 적고 크기가 크기 때문에 세포 내 기록이 용이하다.

그림 4-16 **군소의 한 종류**

꽂아 세포 내 전기 활동을 기록하고 그 생리학적 성질을 조사한 후 미리 전극의 전해질 용액에 녹여 둔 색소를 주입한다. 그리고 신경조직을 꺼내 조직학적으로 관찰하면 전기 기록을 채취한 그 세포의 전체상을 깔끔하게 염색할 수 있다(그림 4-15).

이 세포 내 기록-색소 도입법은 1960년대 후반에 뉴런 하나하나의 세포체가 거대하고(1밀리미터에 달하는 것도 있다) 뉴런의 총 수가 적은(신경절 당 200~3000개의 오더) 연체동물인 군소(그림 4-16)나 해우 등을 활용한 실험에서 먼저 성공을 거두었고, 이후 갑각류나 곤충에 바로 적용되었다.

신경행동학의 탄생

이 방법은 행동의 신경구조적 연구에 혁명을 일으켰다. 일단 특정 위치에 큰 세포체가 있는 운동뉴런이 확인되었고, 이어 시냅스로 운동뉴런과 결합해 있는 전前운동성 개재뉴런이 확인되었다. 당시에는 곧 있으면 각종 행동을 야기하는 신경회로가 모두 확인되고 결정론적으로 행동과 신경회로의 관계를 논할 수 있게 되리라 기대하는 분위기였다.

메뚜기를 활용해 날거나 걷는 등의 운동 패턴을 생성하는 회로 연구에 착수한 것은 오리건의 그래이엄 호일 연구소에 있었던 맬컴 버로우스였다. 그는 세 개의 미소전극을 세 개의 뉴런에 동시에 꽂아 넣고 시냅스 간의 상호 입출력 관계를 상세히 조사해 그로부터 10년 만에 메뚜기의 흉부 신경절에 있는 운동 출력 형성 회로를 대략적으로 밝혀냈다.

그래이엄 호일은 1970년 《곤충생리학의 진보》라는 총해설지에서 처음 '신경행동학'이라는 용어를 사용하면서 행동의 신경 기반을 해명하는 일이 뉴런 식별 연구를 통해 비약적인 전개를 이룰 것이라고 예고했다.

단순한 반복 동작은 결코 단순하지 않다

이렇게 해서 운동 출력의 형성 기구를 이해하려는 연구는 급속한 진전을 이루었다. 이들 연구를 통해 운동 패턴 형성에는 '비非스파이크 발생형 개재뉴런'이 중심 작용을 한다는 예상 외의 사실을 발견했다. 거의 대부분의 뉴런이 활동전위를 발생시켜 정보를 처리한다는 지금까지의 상식이 실제 사실과 다르다는 것이 입증되었다.

보행운동을 할 때 다리를 뻗는 근육과 접는 근육, 즉 길항근은 교대로 수축한다. 또 앞다리와 뒷다리 그리고 곤충이라면 가운데 다리까지 해당 근육들은 일정한 시간차(위상차位相差)를 두고 수축한다. 이들 근육을 움직이게 하는 운동뉴런이 반대편 위상이나 특정 시간차를 두고 흥분하면서 근육 수축이라는 훌륭한 연계 운동을 만들어냈다. 활동전위를 야기하는 운동뉴런 간의 상호 억제(상반 억제)로

이 상대성이 발생한다는 이론이 당시 지지를 얻었다.

활동전위 없이 활동하는 뉴런의 발견

캐나다의 K. G. 피어슨 팀은 바퀴벌레의 보행을 제어하는 중추회로를 미소전극에 의한 세포 내 기록과 세포 내 염색으로 탐구했고, 운동뉴런과 반대로 흥분과 억제를 일으키는 개재뉴런 집단의 존재를 발견했다(그림 4-17-A). 거의 같은 시기에 케임브리지의 버로우스는 메뚜기의 비상을 제어하는 중추회로로 동일한 발견을 했다. 기록하는 동안 이들 개재뉴런은 전혀 활동전위를 발생하지 않았다. 대신 정지막 전위가 규칙적으로 탈분극(플러스 방향으로 움직이는 것)과 과분극(마이너스 방향으로 움직이는 것)을 반복하며 정현파正弦波, sine wave와 같은 전위의 '파장'을 발생시켰다. 즉, 진동을 일으키는 물질로 기능하는 듯했다.

그림 4-17-A **비非스파이크 발생형 개재뉴런**

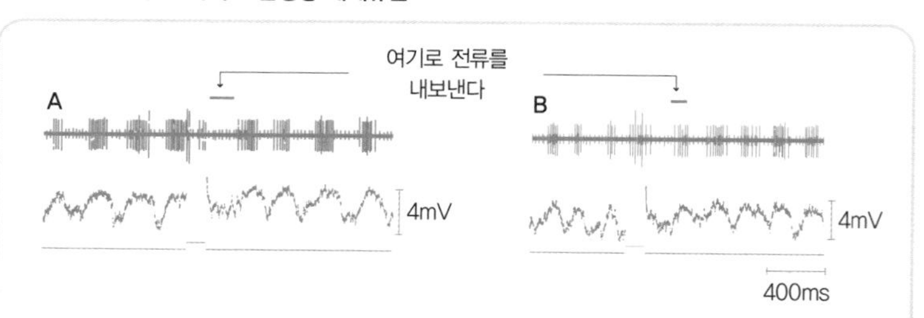

피어슨 팀이 연구한 바퀴벌레의 보행운동을 조정하는 개재뉴런의 활동기록. A, B의 상단 그래프는 이들의 운동신경에서 세포 외 기록을 취한 활동전위이다. 하단 그래프는 운동뉴런을 제어하고 있는 개재뉴런의 세포 내 기록. 개재뉴런은 활동전위를 발생하지 않고 탈분극과 과분극을 반복하며 탈분극으로 운동뉴런에게 활동전위를 발생하게 한다. 인위적으로 전류를 흐르게 만들어 탈분극의 위상을 약간 옮기면 운동뉴런의 흥분의 위상도 마찬가지로 움직이기 때문에 이 개재뉴런이 보조를 맞추는 역할을 하는 것을 알 수 있다. 피어슨과 포트너가 1975년 《신경생리학지》 38권에 게재한 논문을 기초로 함.

세포 내 전극에서 계단식 파장을 그리는 전류를 흘려보내 인공적으로 탈분극시킨다 하더라도, 아니면 더 크게 과분극시킨 직후 전위의 '리바운드'를 일으켜도 이들 개재뉴런은 절대 활동전위를 발생시키지 않았다. 또한, 주기적으로 반복되는 세포막 전위의 진동은 모두 다른 뉴런에서 보내는 시냅스 후전위로 만들어진 것으로, 각각의 개재뉴런이 스스로 세포막 전위를 진동시키는 것은 아니었다.

상식을 파괴한 축삭 없는 뉴런들

결국 '비非스파이크 발생형 개재뉴런'은 진동하는 세포막 전위에 따라 방출되는 전달물질의 양을 연속적으로 증감시키고 서로 세포막 전위를 역위상으로 진동시키고 있었다. '뉴런이 활동전위를 반드시 발생시킨다는 것'과 '활동전위가 시냅스 전 말단에 도달했을 때만 일시적으로 전달물질이 방출된다'라는 '믿음'이 쉽게 무너져 버렸다. 그리고 이러한 비非스파이크 발생형 개재뉴런을 하나하나 염색해 그 모습이 명확해지자 그 존재감은 더욱 커졌다.

비非스파이크 발생형 개재뉴런은 상식 밖의 모양을 하고 있었다. '뉴런은 긴 축삭과 세밀하게 갈라진 가지들이 있는 짧은 수상돌기를 가진 것'이라고 했지만 비非스파이크 발생형 개재뉴런에는 축삭이 없었다(그림 4-17-B). 그리고 종래에 입력을 받는 장소로 알려져 있던 수상돌기에 입력부와 출력부가 나란히 존재하는 것으로 밝혀졌다. 그 자리에서 정보를 넣었다 뺐다 한다.

이런 뉴런은 절대 '예외적'인 존재가 아니다. 그 옛날 골지나 카할이 아름답게 물들여 수놓았던 수많은 뉴런들도 실은 축삭이 없었다. 이는 무척추동물만의 전유물도 아니다. 인간을 포함한 포유류의 뇌

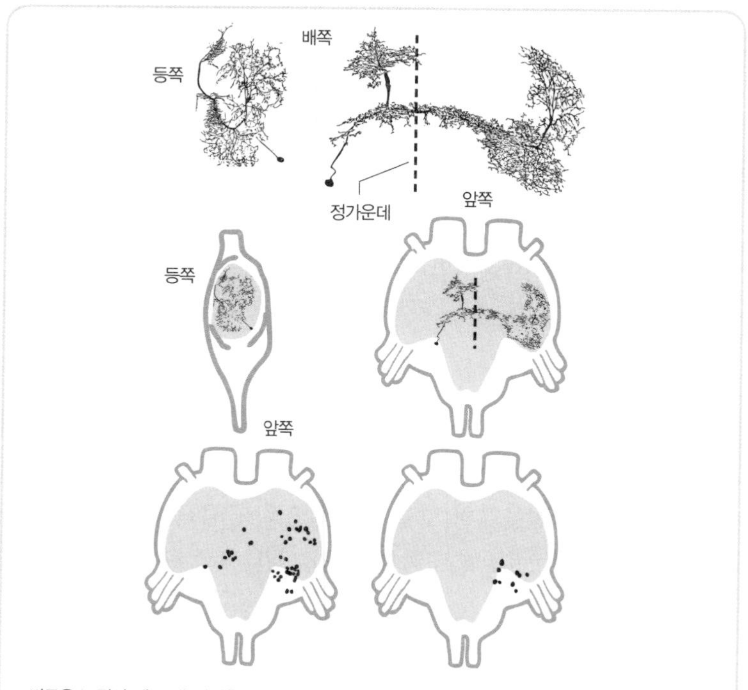

버로우스 팀이 세포 내 염색을 바탕으로 그린 메뚜기의 비非스파이크 발생형 개재뉴런. 가장 하단에 있는 것은 서로 다른 개재뉴런의 세포체 위치를 표시한 것이며, 이들 개재뉴런이 식별된다는 것을 명시한다. 시그라와 버로우스가 1979년 《비교신경학잡지》 183권에 게재한 논문을 기초로 함.

그림 4-17-B **비非스파이크 발생형 개재뉴런**

속에도 이런 뉴런들이 무수히 들어 있다.

유전자가 나를 움직인다

세포 내 기록을 취득한 후 세포 내 염색이라는 방법을 반복 적용함으로써 다른 개체가 가진 동일한(대응하는) 개재뉴런에 몇 번씩 전극을 꽂아 보니 이들이 같은 성질과 같은 형태를 가진다는 사실이 확실해져 갔다. 즉, 말초를 향해 뻗은 운동뉴런이나 말초에서 중추를 향해 뻗은 감각뉴런뿐 아니라, 중추신경계 깊숙이 존재하는 수많은 개재뉴런들도 각각 식별할 수 있다. 이렇게 해서 신경계를 이루는 뉴런은 어떤 개체를 봐도 거의 공통이고 일정하며 결정론적으로 기술할 수 있는 존재라는 생각이 대두되었다.

그때까지만 해도 뇌 속 각각의 뉴런들은 그 존재 여부를 포함하여 개체마다 다르며 신경회로는 '경험'에 의해 대대적으로 바뀐다는 견해가 굳건히 자리 잡고 있었다. 하지만 이 견해와는 달리 현실적으로 무척추동물의 뉴런과 그 뉴런들이 만드는 회로는 매우 정형적이라는 것이 누가 봐도 명확했다. 즉, 정형적인 행동은 정형적인 신경회로에서 태어난다. 포유류, 특히 영장류는 '자유로운 뉴런과 자유로운 신경회로'라는 견해의 마지막 보루였지만 근대 연구들은 이조차도 깨질 수밖에 없는 상식 중 하나라는 가능성을 짙게 내비치고 있다. 영장류의 대뇌신피질의 회로조차 고도로 정형적이라는 실험결과가 나와 있기 때문이다.

물론, 신경계도 행동도 경험에 의해 변화한다는 아주 가소적인 측면을 가진다. 하지만 이러한 가소성은 뉴런들 하나하나의 존재 여부나 축삭이 뻗은 방식의 자유로운 정도에 따른 것이 아니라, 축삭 말단의 가지 모양이나 수상돌기의 가지가 갈라지는 방법 등 '미세'한 가변성이 쌓여 발생한다고 생각하는 것이 타당하다.

신경은 어떻게 만들어질까?

중추신경계의 뉴런을 각각 식별할 수 있다는 것은 각각의 뉴런이 개성적 존재라는 뜻이기도 하다. 그 개성이란 어떻게 나타나는 것일

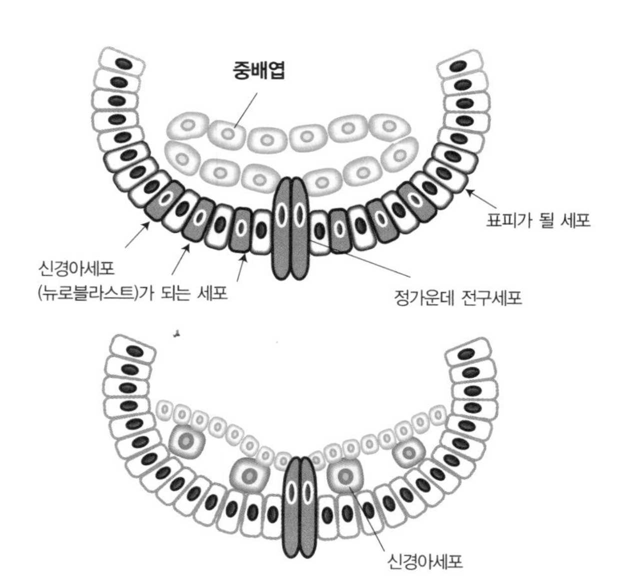

과실파리의 배를 둥글게 자른 아래쪽 반원을 그린 것이다. 배 쪽의 특정 장소에서 세포가 움푹 들어가 신경의 근원인 신경아세포가 된다.

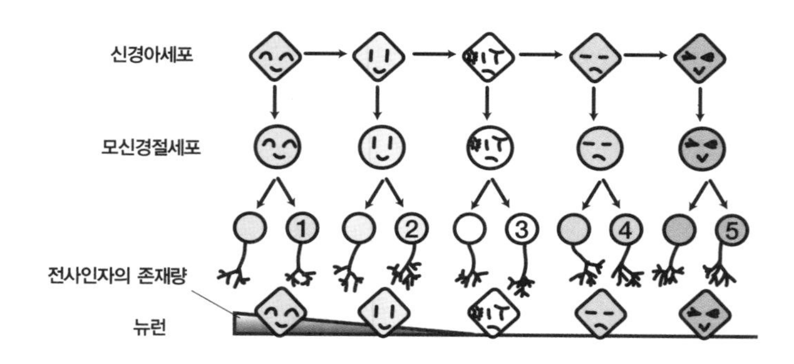

신경아세포가 신경절모세포를 만들고 그것이 두 개의 뉴런을 만든다. 세포에서 어떤 전사인자가 생성되느냐에 따라 발생하는 뉴런(1~5)이 무엇이 될지 결정된다.

그림 4-18 **신경의 모양**

까? 정형적인 신경회로가 구축되는 원리를 해명하려면 여기서부터 시작해야 한다.

캘리포니아 대학교 샌디에이고 캠퍼스의 코리 굿먼과 N. C. 스피처는 메뚜기의 중추 뉴런들을 다수 식별할 수 있다는 것에 힘입어 배아기에 뉴런이 만들어지는 모습을 정성 들여 추적했다.

신경은 배의 외배엽, 그것도 배 부위에서 나온다. 배 표면에 한층으로 나란한 복측외배엽 세포 일부가 배 안쪽의 '동굴空洞'에 떨어져 신경을 만드는 '간세포'와 '신경아세포'가 된다(그림 4-18). 신경아세포가 분열하면 커다란 세포 한 개와 그보다 조금 작은 세포 한 개로 변한다. 즉 불등분열을 하는 것이다. 커다란 세포는 다시 신경아세포가 되어 몇 번이나 똑같은 분열을 계속하고, 작은 세포는 '신경절모세포'로 불린다. 그 후 신경절모세포가 분열하는 것은 한 번뿐이다. 이 분열에서는 비슷한 크기의 세포가 두 개 나오기 때문에 '등분열'이라고 한다. 등분열한 두 개의 세포는 이제 분열하지 않고 언젠가 분화해 뉴런이나 교질세포가 된다.

세포의 족보를 보면 운명을 알 수 있다

이렇게 태어난 뉴런이 끝내 어떤 운명을 걷게 되는지 조사해 보면 신경아세포가 첫 번째 분열에서 만든 두 개의 뉴런들은 각각 반드시 식별 가능한 특정 뉴런으로 분화했다. 두 번째 이후의 분열에서도 마찬가지로 식별 가능한 특정 뉴런이 생겼다.

신경아세포가 초기에 만든 세포는 크기가 크고 후에 운동뉴런이 되며, 후기에 만든 세포일수록 작고 개재뉴런, 특히 비非스파이크 발생형 개재뉴런이 될 확률이 증가한다. 그리고 분열이 정지한 사이 생성되는 세포는 개체마다 그 차이가 큰 경향이 있었다.

이런 점들을 바탕으로 어떤 신경아세포의 몇 번째 분열로 태어난 세포인지에 따라 그 세포의 운명(어떤 뉴런이 되는지)이 결정된다는 것이 밝혀졌다. 어떤 신경아세포에서 몇 번째 분열로 태어났는지, 왜 그것이 그 세포의 운명을 결정하는지, 이것이 문제의 핵심이다. 하지만 메뚜기를 이용한 당시 연구로는 도저히 이 핵심에 다다를 수 없었다.

이 한계를 직접 겪어 알고 있던 굿먼은 유전학을 이용해 이 본질적 과제를 해결하고자 연구 재료를 메뚜기에서 과실파리로 바꾸고 분자발생생물학의 길로 들어섰다. 그의 연구는 이를 전후해서 시작된 행동의 분자유전학적 연구와 연계되어 신경유전학의 새로운 흐름을 형성해 갔다.

제5장

유전자 한 개의 가능성

DNA의 발견

20세기 전반은 현재의 행동 연구의 큰 틀이 잡힌 시기이다. 동시에 유전 현상을 물질적인 측면에서 이해하기 시작한 시대이며 분자 유전학의 부흥기이기도 하다.

멀러의 연구 등을 통해 유전자가 화학물질로 이루어졌다는 생각이 널리 퍼지게 되자 그 물질의 정체가 무엇인지를 밝혀내는 데 연구의 초점이 집중되기 시작했다. 유전자는 염색체 속에 나란히 있는 것인데, 이 염색체는 세포핵 속에 들어 있다. 여기서 핵 성분에 주목하게 되었다.

실제로 대부분의 핵 속에는 어떤 물질이 존재한다. 그것에 흥미를 가지고 연구한 인물이 스위스의 생화학자 프리드리히 미샤였다. 이 물질을 추출해 내려면 대량의 세포가 필요한데 여기서 미샤가 주목한 것이 고름이다. 고름은 백혈구 덩어리이기 때문이다. 그는 패혈증 병동을 다니며 붕대를 모아 샘플을 확보했다. 그렇게 추출한 물질을 '핵산' 이라고 이름 붙였다.

핵산에는 많은 양의 단백질도 들어 있다. 단백질은 20종류의 아미노산이 특정 순서로 나열되어 이루어진 물질이다. 아미노산의 배열을 바꾸면 무한하다고 할 수 있을 정도로 다양한 단백질을 만들어 낼 수 있다. 한편 핵산은 구성 요소가 네 종류뿐인 비할 데 없이 단순한 물질이다. 유전자의 복잡한 작용을 생각하면 핵산은 무용지물 취급을 받을 정도였고 단백질이야말로 유전자의 보고로써 유망해진 것은 당연한 일이었다.

죽은 균을 되살린 DNA

유전자는 단백질로 만들어졌을까? 아니면 핵산으로 만들어졌을까? 이 문제의 해답은 의외의 곳에 있었다. 폐렴균을 연구하던 오스왈드 에이버리, 콜린 맥클리오드, 맥린 맥커티는 폐렴균을 배양하자 그 균체 형태가 두 종류라는 사실을 발견했고, 그 두 종류를 교잡시키고자 쥐에 양쪽 균을 동시에 접종했다. 그러나 예상 밖으로 균은 죽어버렸다. 그 죽은 균의 균체에서 추출한 물질을 살아 있는 결핵균에 넣어 봤더니 균체의 형태가 죽은 균이 만드는 균체와 똑같아졌다. 그리고 증식한 자손 균들에게도 그 형태를 만드는 능력이 유전되었다.

즉, 죽은 균에서 나온 추출물 속에 유전을 담당하는 물질이 포함되어 있던 것이다. 에이버리를 비롯한 연구원들은 이 물질을 '형질전환인자' 라고 불렀다. 그리고 얼마 지나지 않아 이 형질전환인자가 단백질이 아닌 핵산이라는 사실이 밝혀졌다.

유전자의 정체는?

핵산은 줄줄이 이어진 당으로 이루어졌다. 그 당에는 두 종류가

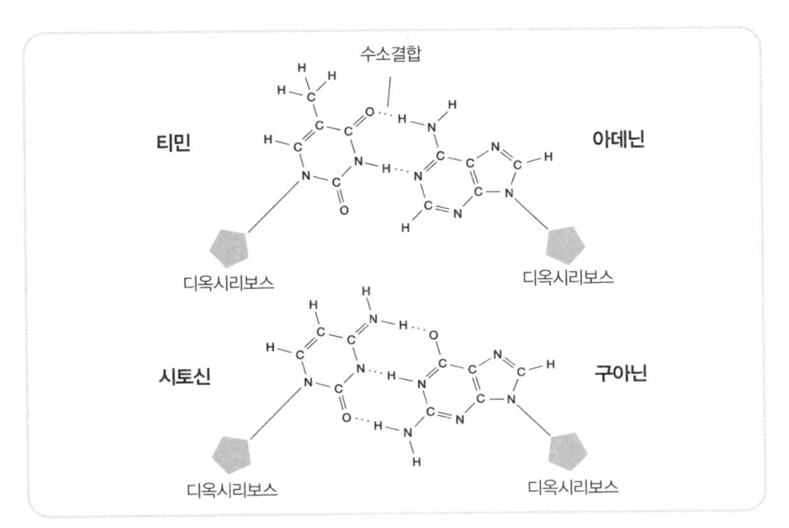

그림 5-1 **DNA의 구조**

있는데 하나는 리보스, 다른 하나는 디옥시리보스이다. 리보스를 포함한 핵산은 '리보핵산'(RNA), 디옥시리보스를 함유한 핵산은 '디옥시리보핵산'(DNA)이라고 부른다(그림 5-1). RNA는 세포의 세포질과 핵 양쪽에 다 있지만 DNA는 대부분 핵에 존재한다. 역시 DNA가 유전자의 정체일까?

그 답은 세균에 달라붙는 바이러스인 '박테리오파지'를 사용한 실험에서 얻을 수 있었다. 박테리오파지는 단백질로 된 껍질 안에 DNA만 들어있는 단순한 바이러스이다. 이 DNA와 단백질에 각각 다른 방사성 원소를 흡입시켜 식별 가능하게 만든 후, 숙주인 세균에 감염시켰다. 그러자

그림 5-2 **박테리오파지가 세포(균)에 DNA를 주입하는 모습**

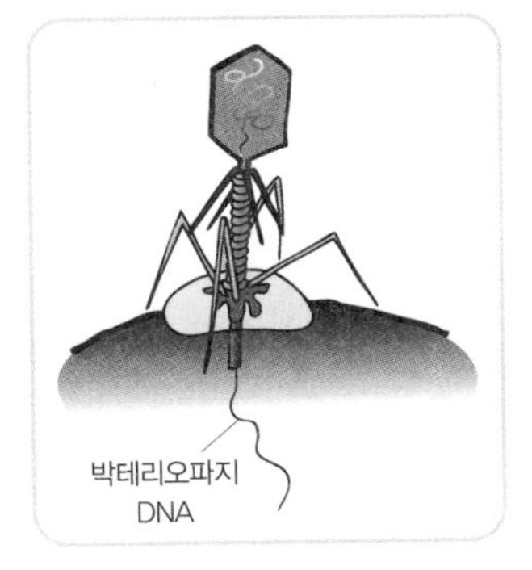

세균 속에 들어 있던 것은 '내용물' 인 DNA뿐이었고 껍질인 단백질은 '벗겨져' 있었다(그림 5-2). 게다가 DNA만 주입했는데도 세균 속에는 단백질과 DNA를 제대로 포함한 수천 개의 박테리오파지가 새롭게 생성되었다.

DNA 이중나선의 탄생

이렇게 해서 DNA가 유전자의 본체라는 것이 틀림없는 사실로 인식되었다. 다음 의문은 DNA라는 소박한 분자가 어떻게 복잡한 유전 정보를 정확히 다음 세대로 전달하는가였다. 부모가 갖는 유전정보를 정확히 복사해 그것을 자식에게 전달하는 구조가 필요했다.

그 의문을 푸는 단서는 DNA 조성 비율에 있었다. DNA에는 분자의 끄트머리에 '아데닌' (A)이 붙은 것, '구아닌' (B)이 붙은 것, '시토신' (C)이 붙은 것, '티민' (T)이 붙은 것의 네 종류밖에 없다. 그 양은 생물에 따라 다르지만 A 대 T, G 대 C의 비율은 항상 1이다. 즉 A와 T, G와 C가 쌍으로 되어 있다고 예상할 수 있다.

분자의 입체적 형태를 알아내는 방법 중에 X선 회절이 있다. 결정에 X선을 입사하면 X선이 맞은 부위의 형태에 따라 반사하거나 통과한다. 그 모습에서 결정의 구조를 계산한다.

1950년대 초, 미국의 생화학자 제임스 왓슨은 물리학자인 프랜시스 크릭과 함께 영국 케임브리지에서 DNA 구조 연구에 착수했다(그림 5-3). X선 회절 전문가인 로잘린드 프랭클린이 이들을 도왔다. 그리고 DNA에 X선을 입사할 때 일어나는 회절 패턴이 이중으로 된 나선구조를 가진 물질의 패턴임을 알게 되었다.

그들은 A와 T, C와 G가 항상 같은 양이라는 점에서 깨달았다. 두

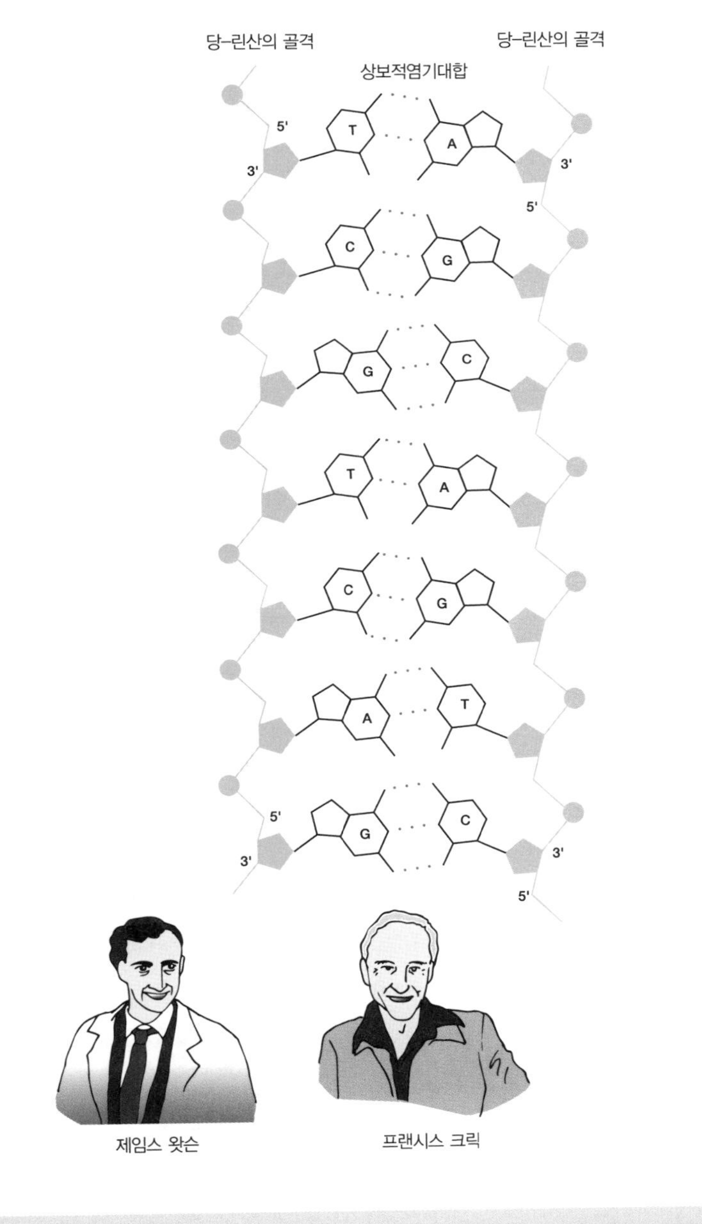

그림 5-3 **제임스 왓슨과 크릭이 해명한 DNA의 이중나선구조**

개의 나선이 마주 보고 서로의 염기가 쌍이 되어 받쳐 주는 구조가 아닐까 하고 말이다. 한쪽 사슬에 있는 A는 다른 한쪽 사슬의 T와 결합하고, 한쪽의 G는 다른 쪽의 C와 결합한다. 그렇게 하면 방향이 반대인 두 개의 사슬이 서로 얽힌 이중나선이 된다. 이렇게 해서 DNA가 이중나선 구조를 가진다는 왓슨과 크릭의 논문이 1953년 《네이처》에 발표됐다.

유전 정보는 어떻게 전달될까?

왓슨과 크릭이 생각한 이중나선 모델은 세포가 분열할 때 본래의 세포가 가진 DNA가 정확히 복사(복제)되어 두 개의 딸세포로 나뉘는(분배) 방법을 잘 설명했다. A의 맞은편에 필시 T가 오고 G의 맞은편에는 꼭 C가 온다면, 흐트러진 두 개의 사슬들은 스스로를 주형(DNA를 복제할 때 바탕으로 쓰이는 분자—옮긴이)으로 하는 두 개의 이중나선을 쉽게 만들 수 있다.

실제로 미국의 세균학자인 매튜 메셀슨과 프랭클린 슈탈은 왓슨과 크릭의 논문이 발표된 후 5년이 지난 시점에서 이 방식으로 DNA가 복제된다는 것을 실험으로 입증했다.이들은 동위원소를 잘 이용했다. 자연계에 존재하는 질소원자의 질량은 14(^{14}N)이지만, 간혹(존재비율 0.38%) 중성자 한 개가 여분으로 들어간 질량 15(^{15}N)인 무거운 질소원자가 존재한다. 여기서 배양지(세균의 먹이)에 ^{15}N을 함유하는 화합물을 넣어 세균을 키웠다. DNA 염기(A, T, G, C의 총칭)에는 질소가 있기 때문에 이 배양지에서 키우는 동안 세균의 DNA에는 무거운 질소가 들어간다. 그 후 보통 배양지에서 세균을 키운다. 그러면 세대를 반복하면서 DNA 사슬은 점점 가벼워지지만(가벼운 사슬이 늘어났다) 무거운 사슬은 절대 없어지지 않는다. 즉, 본래의 사슬(무거운 사슬)을 그대로 둔 채 그 복제본인 새로운 사슬을 만드는 것이다.

이 방법이라면 유전 정보가 유실되지 않고 정확히 세포에서 세포로, 또 부모에서 자식으로 전달된다. 이러한 DNA 복제에 사용되는 산소가 폴리메라제이다.

DNA 암호의 비밀

이렇게 DNA 복제를 통해 유전 정보가 전달된다는 사실을 알아냈다. 하지만 정보가 DNA 속에 어떻게 쓰여 있는가 하는 핵심 문제가 남아 있었다. 이를 밝혀내려면 유전 정보를 고쳐 썼을 때 DNA에게

그림 5-4 **코돈과 트랜스퍼 RNA의 작용으로 메신저 RNA 암호에 대응하는 아미노산의 운반**

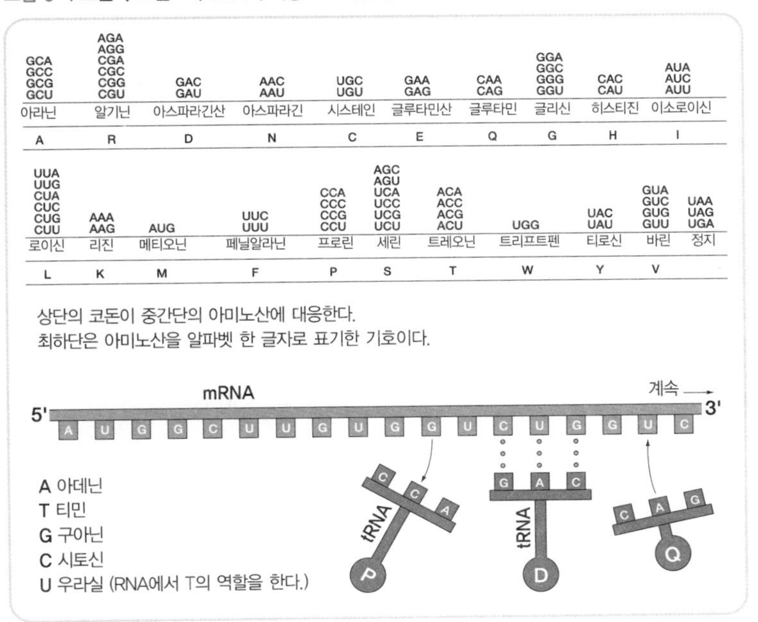

일어나는 일을 관찰해야 한다. 유전 정보를 고쳐 쓴다는 것은 돌연변이를 일으킨다는 것이다.

그리하여 화학물질을 이용해 박테리오파지에 돌연변이를 일으키기로 했다. A, T, G, C 중 하나에 돌연변이를 일으켰더니 박테리오파지는 더 이상 자라나지 않았다. 그중 두 개의 염기가 한꺼번에 변했을 때도 역시 자라지 않았다. 하지만 여분의 염기 세 개가 끼어들자 때로는 박테리오파지가 정상적으로 자랐다. 즉 DNA 문자(염기)는 세 개가 하나의 암호를 구성하며, 시작점에서 딱 세 개씩 구분해 읽는 것을 규칙으로 하는 것이 아닐까 하는 추정을 했다(그림 5-4).

염기가 한두 개 늘었다 줄었다 하면 본래 구획을 지어야 할 곳이 아닌 다른 곳에서 구획을 지어야 하기 때문에 암호의 의미가 바뀌고 박테리오파지는 자라지 못하게 된다. 하지만 세 개의 염기가 들어가게 되면 그 암호에는 한 개의 여분이 생기긴 하지만 그 앞뒤로는 본래의 암호 그대로이므로 다수에게 영향을 미치지 않고 박테리오파지가 자랄 수 있었던 것이다.

분자생물학 레시피

DNA에 각인된 암호는 많은 경우 단백질을 만들 때 사용된다. 단백질은 아미노산이 연결되어 이루어진 것으로, DNA 암호에는 어떤 아미노산을 어떤 순서로 몇 개 연결하는가에 대한 정보가 각인되어 있다.

DNA는 세포핵 속에 있다. 한편 단백질은 그 외부인 세포질에서 생성된다. 그렇다면 DNA에 새겨져 있는 단백질 '요리' 레시피는 어떻게 해서 핵으로부터 세포질이라는 부엌 속으로 전달되는 것일까?

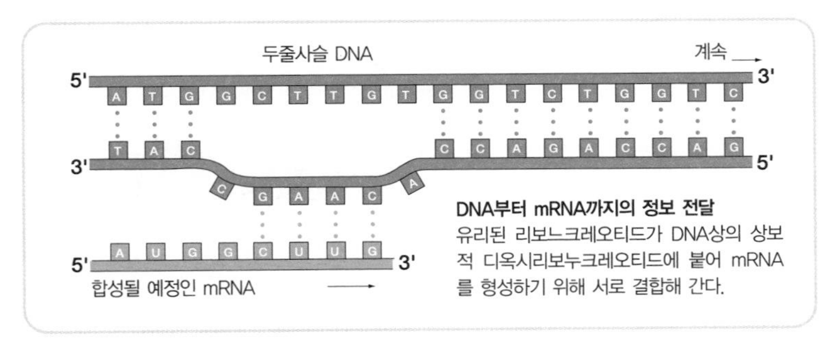

그림 5-5 **DNA가 메신저 RNA로 전사하는 양상**

그 레시피의 운반책이 RNA라는 것을 밝혀낸 것은 프랑수아 자코브였다. 운반책이라는 이유로 RNA는 '메신저 RNA'(mRNA)로 불리게 되었다. 생체에서 이 mRNA를 추출하는 데 성공한 최초 인물은 일본의 스즈키 요시아키였다. 누에의 실 분비선에는 명주실의 주성분인 단백질 피브로인fibroin의 mRNA가 잔뜩 들어 있는데 이를 빼낸 것이다.

단백질의 부엌에서 가스렌지나 냄비 역할을 하는 것이 '리보솜 RNA'(rRNA)이고, 식재료를 레시피대로 냄비에 넣는 역할은 '트랜스퍼(운반) RNA'(tRNA)가 담당했다(그림 5-4). 트랜스퍼 RNA가 아미노산을 한 개씩 운반하고, 메신저 RNA에 기록된 레시피 순서대로 '리보솜' 냄비 속에 넣으면 산소의 작용으로 아미노산이 한 개, 또 한 개씩 연결되어 단백질의 사슬이 점차 늘어나게 된다.

DNA에서 RNA로 레시피를 복사하는 것을 '전사'(그림 5-5)라고 하며, RNA 레시피를 사용해 단백질을 합성하는 일을 '번역'이라고 한다. DNA에서 RNA, RNA에서 단백질, 이렇듯 정보는 한 방향으로만 흐른다. 이것이 분자생물학의 '중심원리'이다. 그 후 다양한 예외가 발견되었지만 큰 틀에서 봤을 때 이 견해는 옳다고 할 수 있다.

DNA 암호를 낱낱이 파헤치다

염기의 종류가 A, T(RNA에서는 T 대신에 우라실 U), G, C의 네 종류이고, 유전 암호가 3개의 문자로 이루어졌다면 총 64개의 조합이 가능하다. 하지만 암호가 지정하는 아미노산은 20종류밖에 없다. 그렇다면 한 종류의 아미노산에 대해 여러 개의 암호가 사용되는 것이다.

마셜 니런버그(1968년 노벨상 수상)와 동료들은 연속된 세 개의 문자의 의미를 낱낱이 조사했다. 한 개의 아미노산을 지정하는 암호는 한 종류부터 여섯 종류까지 다양했다(그림 5-4). 여러 개의 암호가 한 개의 아미노산을 지정할 경우, 세 개의 염기 중 가장 마지막 염기만이 다른 경우가 많았다. 즉, 세 번째 염기가 돌연변이로 변해도 아무런 영향을 미치지 않는 경우가 많다는 뜻이다.

그리고 어디서부터 암호문을 해독하기 시작해야 하는지, 어디서 끝을 맺는지를 알리는 세 개의 문자 조합도 있었다. 아미노산을 지정하는 암호 중 한군데가 변화해 끝맺음 암호가 되거나 무의미한 암호로 변해버리면 그곳에서 아미노산을 연결하는 작업을 멈추게 된다. 제대로 된 단백질이 생기지 않기 때문에 세포는 정상적인 작용을 하지 않게 되며 돌연변이의 이상(표현형)이 생긴다.

그렇다면 이렇게 DNA가 RNA로 그리고 단백질로 전해지는 정보의 흐름은 파악했지만, 스터티번트가 염색체 상의 위치를 알아낸 유전자들과 DNA 분자 속에 있는 유전자는 도대체 어떻게 연관되어 있는 것일까?

단순한 세균에서 힌트를 얻다

DNA, RNA, 단백질 간의 관계를 연구하는 것 이상의 실험은 세균

그림 5-6 **잭 모노의 세균 실험**

이나 바이러스를 이용해 이루어졌다. 스터티번트와 동료들이 선호했던 과실파리는 아직 너무나 복잡해 손을 댈 수 없는 존재였다. 염색체와 유전자, DNA를 연결하는 실험을 하려면 더 단순한 세균 유전자를 다룬 지도가 필요했다.

이 문제에 도전한 것은 프랑스의 프랑수아 자코브와 자크 모노(둘 모두 앙드레 르보프와 공동으로 1965년 노벨상 수상)였다. 해결 방법은 아주 간단했다. 세균의 '교배' 실험을 하는 것이다. 세균의 경우 '수컷' 역할인 세균이 '암컷' 역할인 세균에 들러붙어 '수컷' 세균이 자신의 DNA를 복제해 '암컷' 세균 속에 넣기만 하면 되기 때문이다(그림 5-6).

여기서 자크 모노가 생각한 것이 세균에게 성교중절법을 시키자는 것이었다. 그들은 붙어 있는 세균을 믹서기로 돌려 억지로 분리했다. 다양한 타이밍으로 믹서기를 돌렸다. 들러붙자마자 믹서기에 들어간 커플의 경우, 아주 미세한 양의 DNA만이 수컷에서 암컷으로 들어가게 된다. 시간이 흐른 후에 믹서기에 들어간 경우에는 수컷 DNA의 대부분이 암컷에 옮겨진다고 보면 된다.

다시, 유전자 지도를 그리다

과학 실험에서는 단순한 발상이 의외로 좋은 결과를 가져오기도 한다. DNA의 이입은 항상 염색체의 같은 장소에서 시작했고, 유전자는 정해진 장소에서 수컷에서 암컷으로 들어갔다. 이런 정보를 바탕으로 세균의 유전자 지도를 그려 나갔다. 이 유전자 지도는 DNA라는 분자를 대상으로 그린 실측도였다. '물리적 지도' 라고도 불린다.

한편, 과거에 스터티번트가 과실파리로 작성했던 것은 재배율 빈도를 거리로 계산해서 그린 일종의 '가상 지도' 이다. 거의 모든 생물의 배열 빈도를 계산할 수 있었기 때문에 세균의 가상 지도도 이미 작성되어 있었다. 세균의 가상 지도와 새롭게 그린 물리적 지도를 나란히 두고 비교해 보니 거리 차이는 있으나 가상 지도가 꽤 잘 만들어졌다는 것을 알 수 있었다. 역으로 물리적 지도가 DNA상에 위치한 유전자를 제대로 그려 냈는지 확인할 수도 있었다.

이렇게 해서 스터티번트와 동료들이 생각했던 대로 물질로서의 유전자는 염색체 상에 일렬로 위치한다는 것을 알게 되었다. 다만 과실파리 같은 고등생물(진핵생물)의 염색체와는 달리 세균(원핵생물)의 염색체는 막대기 모양이 아닌 고리 형태를 하고 있었다.

사실 우리 인간을 비롯한 진핵생물도 고리 형태의 DNA를 가진다. 그것은 미토콘드리아의 DNA나 식물의 엽록체 DNA이다. 실제로 미토콘드리아나 엽록체는 그 옛날 우리 선조인 진핵생물에 들러붙은 원핵생물로, 긴 시간을 거쳐 진핵생물에게 없어서는 안 되는 일부로 받아들여진 것으로 생각된다.

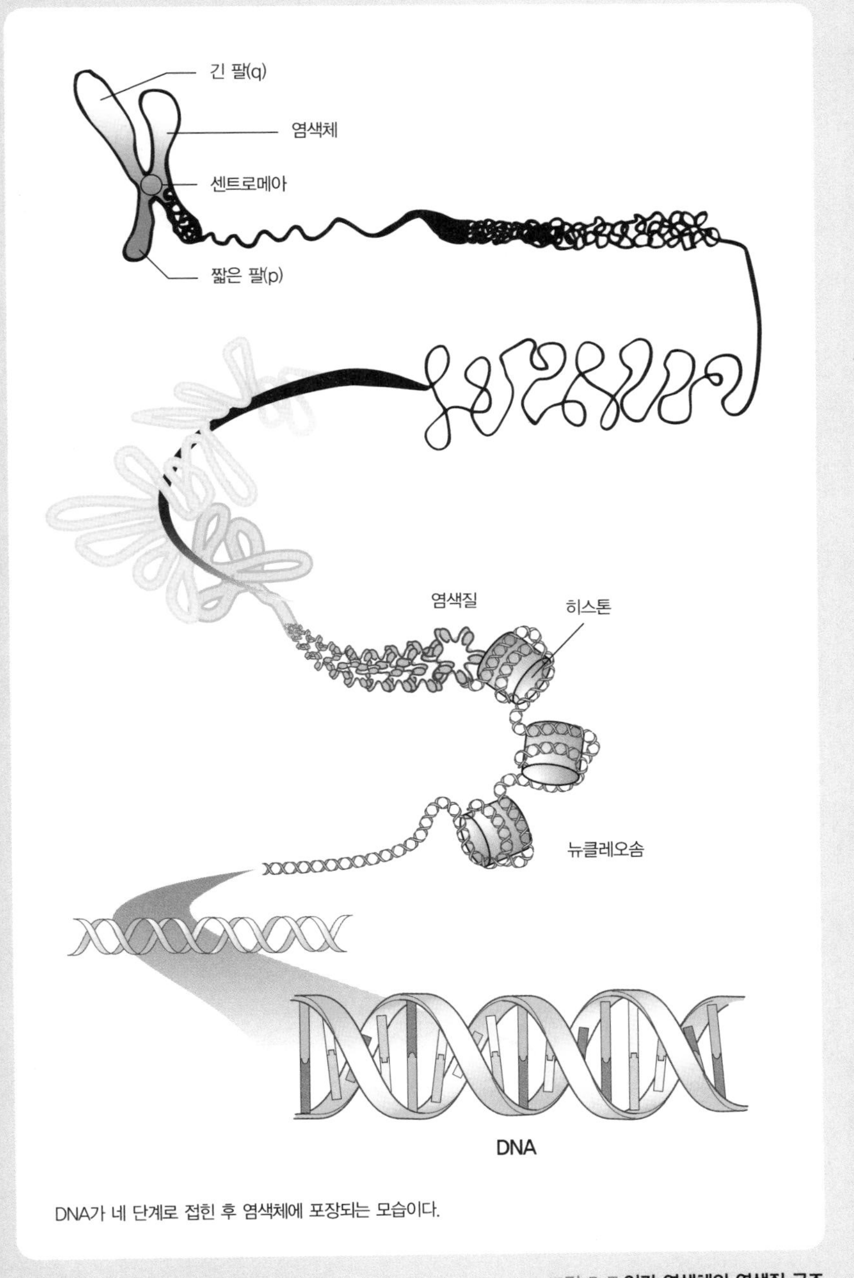

DNA가 네 단계로 접힌 후 염색체에 포장되는 모습이다.

그림 5-7 **인간 염색체의 염색질 구조**

DNA와 염색체의 관계

보통 현미경으로도 볼 수 있는 크기의 염색체라는 구조 속에 DNA라는 물질이 들어 있으며, DNA 속의 ATGC가 배열되는 순서야말로 유전 정보 그 자체라는 사실을 알게 되었다.

DNA의 문자열은 어마어마하게 길다. 세균의 DNA는 직선거리로 치면 1센티미터 정도이다. 사람의 DNA는 약 30억 개 문자(염기)로 일렬로 늘어놓으면 그 길이가 2미터에 달한다. 그것이 그 작은 세포핵 속에 들어 있다니 놀라운 일이다.

세포는 머리카락을 말듯이 단백질의 '심'에 DNA의 긴 사슬을 돌돌 말아 붙이고(그 구조를 '뉴클레오솜nucleosome'이라고 한다), 비즈를 실에 꿰어 쭉 당겨 모으듯이 뉴클레오솜을 조여 올리며(그 구조를 '염색질chromatin'이라고 한다), 이 염색질을 다시 지그재그로 꺾어 접은 것이 염색체라는 구조를 이루고 있다(그림 5-7).

세균 유전자의 물리적 지도는 위에서 언급한 것처럼 완성되어 갔다. 하지만 아직 큰 숙제가 남은 것은 분명했다. 과실파리, 더 나아가 인간 유전자의 물리적 지도를 만들 방법은 아직 존재하지 않았기 때문이다.

DNA 재배열 실험, 윤리를 묻다

모든 것을 바꾼 것은 미국 폴 버그 연구소가 1972년에 발표한 한 편의 논문이었다. 이 논문에서 버그 팀은 'SV40'이라는 바이러스의 DNA에 대장균과 박테리오파지 DNA를 넣는 데 성공했다고 보고했다. 즉, 이종생물의 DNA를 연결해 그것을 세균에 넣어 증식하는 기술을 개발한 것이다. 세계 최초의 '유전자 재배열 실험'이었다.

과실파리, 더 나아가 인간의 DNA도 이 방법으로 세균에 넣을 수 있으며, 그렇게 되면 불가능하게 생각했던 고등생물 유전자의 물리적 지도를 작성할 수 있다고 모든 사람들이 확신했다. 하지만 한편으로는 미지의 감염성 미생물을 인공적으로 생성할지 모르는 위험성을 두려워했다.

이듬해인 1973년에는 과학계 최고 실력자들이 모이는 회의인 고든 컨퍼런스Gordon Research Conference에서 이 위험성이 화두에 올랐고, 1974년에는 이러한 종 실험을 중지하자는 버그의 편지가 《사이언스》에 발표됐다. 1974년에는 미국 국립보건연구원(NIH)이 실험 지침을 작성하기 시작했다. 1975년, DNA 재배열 실험 사상 가장 중요한 회의가 캘리포니아 해변의 아실로마에서 개최됐다.

이 아실로마 회의장에서 폴 버그, 시드니 브레너, 데이비드 볼티모어, R. 로블린, M. 싱어 등이 중심이 되어 종합한 지침이 의제로 올랐다. 그 후에도 실험의 자가 규제는 계속되었고, 1976년 6월에는 아실로마 회의에서 토의한 내용을 반영한 NIH 실험 지침이 공표되었다. 이 지침으로 인해 재배열된 DNA를 가진 생물의 확산을 어떻게 방지할지에 대한 구체적 방법이 세세하게 정해졌고, 겨우 실험이 재개되기 시작했다.

DNA를 자르고 붙이다

DNA 재배열 실험이 기술적으로 가능해진 배경에는 DNA를 자르는 제한효소와 DNA를 붙이는 효소인 각종 리가아제의 발견이 있었다(그림 5-8). 제한효소는 바이러스에 감염된 세균이 방어를 위해 바이러스 DNA를 자르는 무기인데 이것은 분자 가위로 작용한다. 모

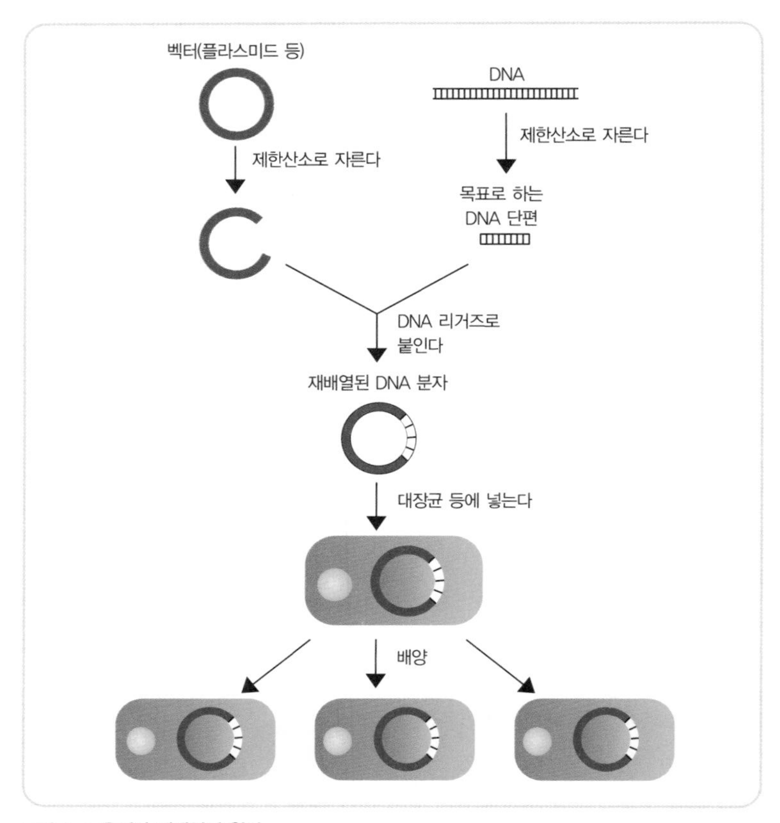

그림 5-8 **유전자 재배열의 원리**

든 제한효소는 몇 개의 염기들이 나열된 모양을 보고 그것이 자신이 담당하는 배열과 일치했을 때에만 그곳에 작용해 절단한다. 예를 들어 'EcoRI' 라는 이름의 제한효소는 GAATTC의 G와 A 사이를 자른다. 그리고 세균에서 추출한 제한효소는 대상 DNA가 사람의 것이든 식물의 것이든 배열만 일치하면 무엇이든 잘라 버린다. 잘린 모양이 똑같아지도록(같은 배열이 노출되도록) 두 개의 DNA를 절단하면 절단부가 서로 딱 맞기 때문에 각각을 이어 붙여 한 개의 DNA로 만들 수 있다.

이미 많은 연구가 이루어진 DNA 속에 앞으로 조사하고자 하는 DNA를 끼워 넣어 증식시켜 순수 실험 재료를 충분히 확보할 수 있다. 즉 DNA '복제(클로닝)' 이다. 증식시킬 때는 세포가 본래 가지고 있는 DNA 복제 구조를 이용한다. 박테리오파지에 DNA를 끼워 넣으면 그것이 '운반책' 으로 작용한다. 끼워 넣은 DNA와 함께 통째로 대장균 속에 감염 형태로 주입하면 대장균 염색체에 들어간다. 그러면 복제를 반복해 마구마구 늘어난다. 또 하나의 운반책은 '플라스미드' 라는 세균의 '동거인' 이다. 플라스미드는 '집주인' 인 세균 속에 있지만 자신의 DNA를 집주인의 DNA에 넣지 않고 독자적으로 증식한다(그림 5-8). 이 플라스미드를 개조해 만든 '세균인공염색체' (BAC)는 염기 20만 개가 연결된 낯선 존재인 DNA를 대장균에 끌고 들어가는 맹렬한 존재이다. 이것을 사용하면 고등생물의 방대한 DNA조차 세균의 DNA처럼 길들일 수 있다.

교미 없이 DNA를 늘리는 방법

미국 시터스 사의 기술자 캐리 뮬리스(1993년 노벨상 수상)가 한밤중에 운전하다 떠올렸다는 '폴리메라제 연쇄반응' (PCR)은 미생물의 교미가 없어도 시험관 속에서 DNA를 늘릴 수 있게 했다(그림 5-9).

PCR의 원리는 간단하다. 세포가 DNA를 복제할 때 하는 일은 DNA의 이중나선을 풀어 한 줄의 사슬로 만든 다음 그것을 주형으로 해서 폴리메라제를 작용시켜 쌍이 되는 DNA를 한 개씩 연결해 나간다. 이 과정을 인공적으로 진행하면 된다.

손쉽게 DNA를 한 줄의 사슬로 만드는 방법은 고온에 두는 것이

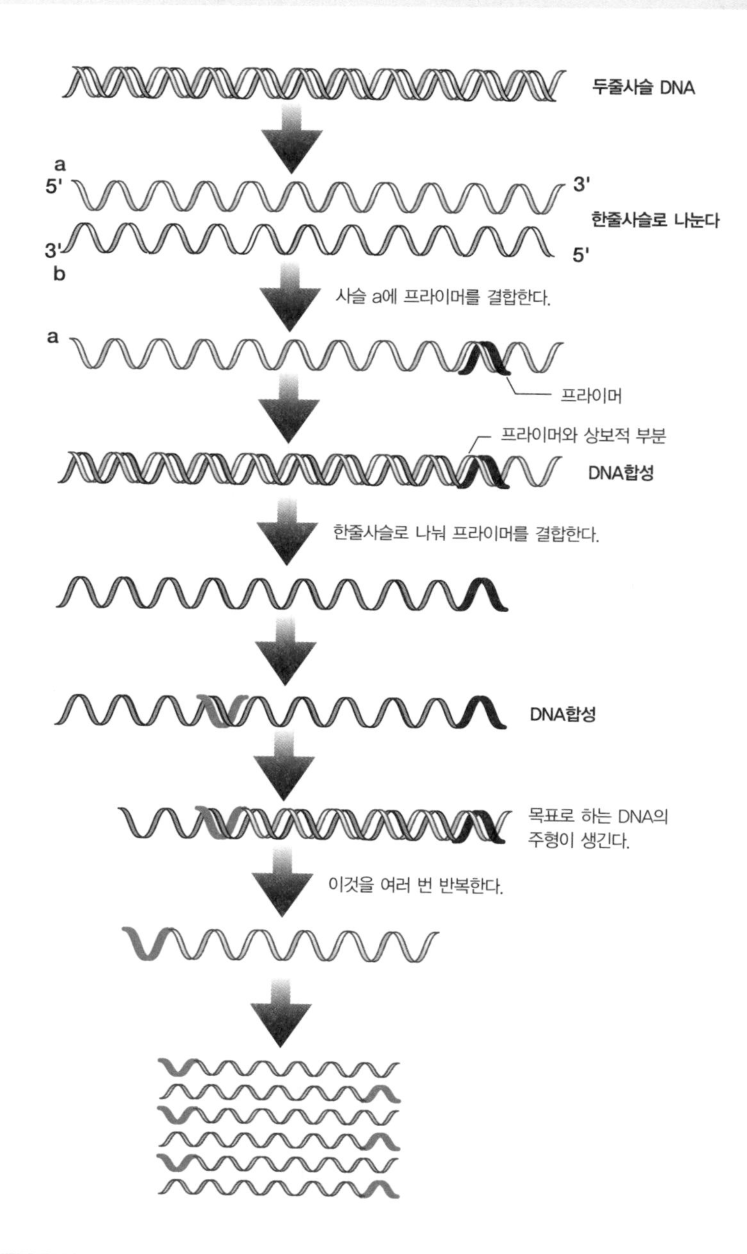

그림 5-9 **PCR법의 원리**

다. 고온에서는 이중나선이 풀려 한 줄이 되는데 이것을 '변성'이라고도 한다. 여기에 폴리메라제를 작용시키는데, 폴리메라제가 DNA를 연결하려면 먼저 짧은 DNA 파편이 한줄사슬의 시작 부분에 붙어 있어야 한다. 때문에 화학합성한 짧은 DNA 파편(프라이머)을 미리 넣어 둔다.

폴리메라제는 단백질로 이루어져 있어 열에 약하다. 한줄사슬로 만들기 위해 고온에 두면 보통 폴리메라제는 파괴된다. 여기서 뮬리스가 주목한 것이 온천에 사는 세균의 폴리메라제였다. 고온의 온천에서 생활하는 세균의 폴리메라제는 다른 생물의 폴리메라제가 파괴될 법한 고온에서 오히려 활성화되는 성질이 있다.

PCR법은 프라이머를 주형에 붙일 때 온도를 낮추고 복제가 끝나 두 줄의 사슬을 한 줄로 분리할 때 고온에 두는 방식이다. 이렇듯 온도를 높이거나 낮춰 DNA를 늘려 간다. 1983년에 PCR법이 발표된 결과, 며칠이나 걸렸던 실험이 단 몇 시간 내에 끝나는 시대가 열렸다.

속임수를 쓰다

클로닝이나 PCR로 많은 양의 순수 DNA를 손에 넣었으니 이제 드디어 암호를 해독할 순서였다. 이 해독 방법 또한 소박하다.

폴리메라제는 주형 맞은편에 새로 생긴 사슬에 주형 속 염기의 짝에 해당하는 염기를 한 개씩 붙여 가며 그 사슬을 늘려 간다. 따라서 폴리메라제가 한 개씩 새로운 분자를 더해 갈 때 그것이 A, T, G, C 중 어느 것인지 읽어 내는 감질나는 작업을 한다(그림 5-10).

일반적으로 세포가 DNA를 만들 때 사용하는 A, T, G, C의 원료

① DNA 시퀀싱 반응

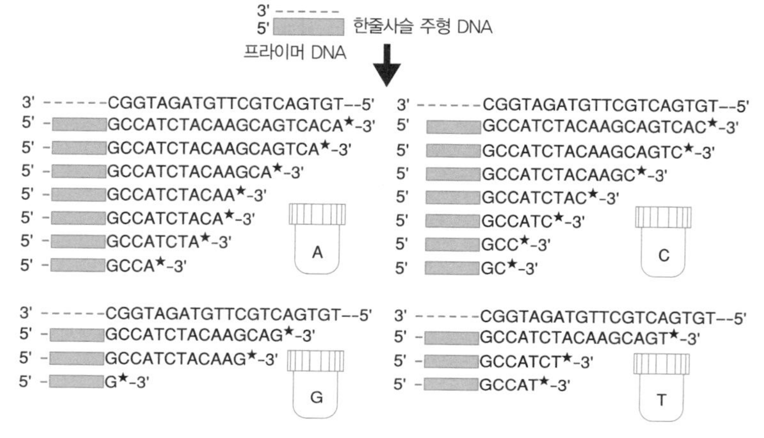

'N'은 A, T, G, C 중 하나를 뜻한다.

② 전기영동에 의한 염기배열 결정

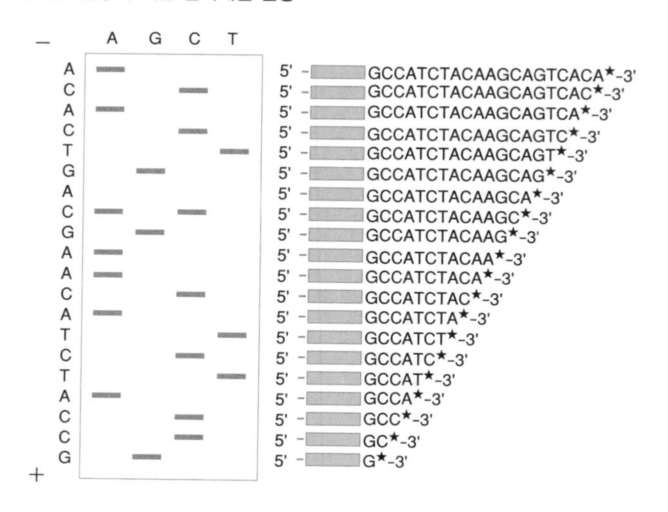

그림 5-10 **DNA 염기배열결정법의 원리**

는 '디옥시ATP' (dATP), '디옥시TTP' (dTTP), '디옥시GTP' (dGTP), '디옥시CTP' (dCTP)이다. 리보스 분자 고리에서 두 번째 산소가 분리된 것이 '디옥시리보스' 이다. 이것이 연결되어 DNA를 이룬다. 연결하는 팔이 되는 것이 디옥시리보스 세 번째 산소이다. 이 세 번째 산소까지 떨어져 나간 것이 'D-2-디옥시리보스' 이다. 이렇게 되면 DNA 사슬을 만들 수 없다.

이 '가짜 원료' 인 디디옥신체 ddATP, ddTTP, ddGTP, ddCTP를 본래의 원료에 침투시킨다. 그러면 운이 없는 요소는 갑자기 본래 dATP를 받아야 할 때 ddATP를 받게 되고 거기서 반응을 멈춘다. 본래의 A가 잘 빠져나가더라도 그다음에 A를 넣어야 할 곳에 ddATP가 들어가 버리는 경우도 있다. 아니면 마지막까지 요리조리 잘 빠져나가 완전한 사슬 합성을 완성시키는 행운의 요소들도 있다. T, G, C도 마찬가지다. 이렇게 해서 100개의 염기가 이어진 사슬을 사용하면 길이가 다 다른 100가지의 최종 산출물이 생기게 된다.

암호 해독의 열쇠는 DNA의 몸무게

그 산출물을 길이에 따라 분류하면 ATGC가 나열된 순서를 알 수 있다. 분류하는 방법은 간단한 원리를 바탕으로 한다. 세균배양액 같은 젤(실제로는 폴리아크릴아미드라는 물질의 젤) 한쪽 끝에 산출물을 올려놓고 전류를 흐르게 하면 DNA는 마이너스 전기를 띠기 때문에 플러스극을 향해 움직인다. 이것이 '젤 전기영동電氣泳動' 이라는 조작법이다.

큰 DNA는 움직임이 느리고 작은 DNA는 움직임이 빠르다. 따라서 맨 처음 가짜를 잡아 반응이 멈춘 DNA는 재빨리 젤의 앞쪽까지

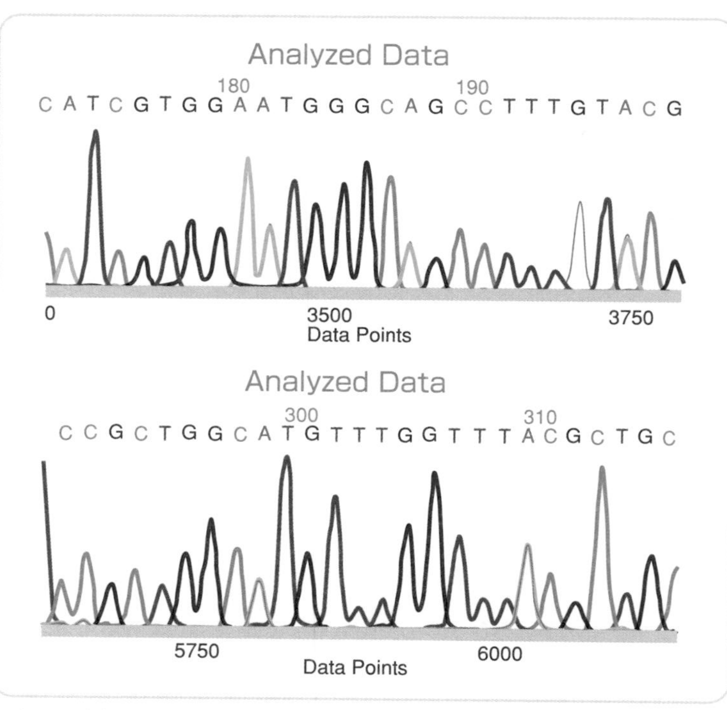

그림 5-11 **염기를 네 개의 색으로 나눠 분석하는 자동해독장치의 컴퓨터 출력물을 모사한 것**

이동하지만, 마지막까지 진짜를 잡은 행운의 DNA는 자신이 위치한 곳에서 조금밖에 이동하지 않는다. 몇 번째 염기가 가짜를 잡았는지에 따라 젤의 출발점에서 종점까지 그 길이에 비례한 위치에 DNA가 규칙적으로 줄을 서게 된다. ddATP, ddTTP, ddGTP, ddCTP 각각에 다른 색(형광색)을 표시를 해 두면 그렇게 줄 선 DNA들은 그 네 가지 색 중 하나를 띠게 된다. 덕분에 1번부터 100번까지 A, T, G, C가 어떤 순서로 이어져 있는지 일목요연하게 알 수 있다(그림 5-11).

이 방법이 개발되었을 당시에는 유리 평판 사이에 젤을 넣고 전기

영동을 하고 있었다. 점차 그것을 자동으로 할 수 있는 '시퀀서'라는 기계가 등장했다. 최근에는 모세관에 셀룰로오스유도체 폴리머를 넣은 물질 속에서 전기영동을 하는 방법으로 바뀌었다. 이 캐필레리 방식은 고전압을 이용해 재빨리 영동시킬 수 있기 때문에 처리 속도가 대폭적으로 빨라졌다.

이런 기술 혁신을 거쳐 인간 게놈의 해독이 가능해졌지만, 인간 DNA 암호의 일부를 처음 해독했던 1980년대 초만 해도 이 작업은 고행길이라는 표현이 딱 맞는 엄청난 실험이었다.

생명을 지킨 유전병

인간 유전자 중 처음으로 해독된 염기서열 1호는 혈액 속 산소 운반 업자인 헤모글로빈을 만드는 유전자였다. 헤모글로빈은 '알파 사슬', '베타 사슬'이라고 불리는 아미노산이 나란히 이어진 사슬(펩티드) 두 개가 얽혀 형성된다.

아프리카 서부에는 헤모글로빈에 이상이 있어 산소 공급이 잘 되지 않아 뛰는 것조차 힘든 사람들이 많은 지역이 있다. 일종의 풍토병이라고도 할 수 있는데, 감염이 아닌 유전병의 한 종류이다. 현미경으로 관찰해 보면 이들의 적혈구는 길쭉하게 일그러진 모양을 하고 있다. 때문에 이 병은 '겸상적혈구 빈혈증'이라고 불린다(그림 5-12).

적의 침입으로부터 도망치기 힘들게 하는 이 겸상적혈구 빈혈증이 도태되지 않고 높은 확률로 이 지역에 존속하는 데는 이유가 있다. 겸상적혈구는 정상적인 적혈구와는 달리 말라리아 감염에 내성을 가지기 때문이다. 말라리아가 만연하는 지역에서는 외부의 적 때

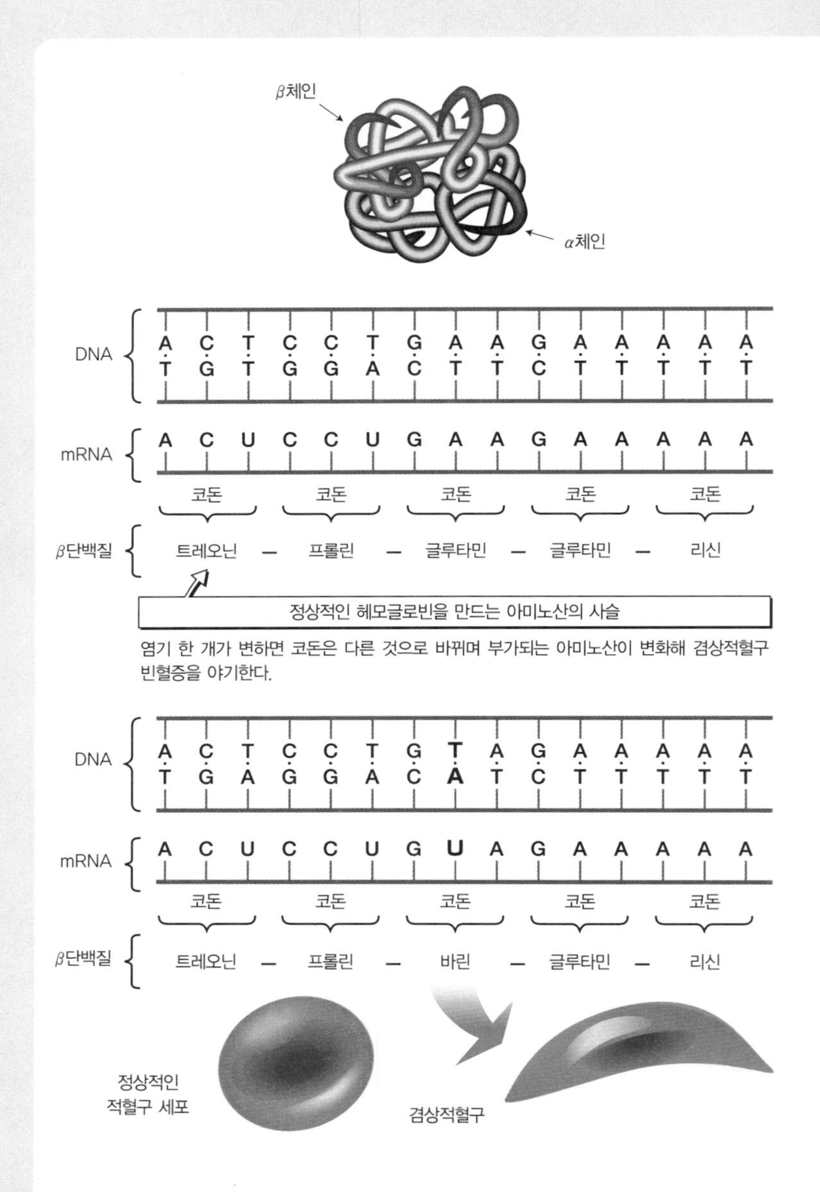

위: 헤모글로빈 단백질이 두 개의 체인으로 구성된 모습. 가운데: 정상적인 헤모글로빈과 겸상적혈구 빈혈증의 헤모글로빈의 아미노산 배열을 비교한 것(변이가 있는 주변만을 표시). 아래: 적혈구의 생김새.

그림 5-12 **겸상적혈구 빈혈증**

문에 죽을 위험보다 말라리아 때문에 죽을 위험이 컸을 것이다. 따라서 겸상적혈구 빈혈증 유전자를 가진 사람들의 생존 확률이 높았기 때문에 이 병이 사라지지 않고 유지되어 온 것이다.

유전병을 일으키는 아주 작은 변수

헤모글로빈 유전자의 염기 배열 순서를 해독하니 겸상적혈구 빈혈증에 걸린 인간의 몸속에서 어떤 일이 일어나는지가 명확해졌다. 헤모글로빈의 베타 사슬에 이상이 있었다. 겸상적혈구 빈혈증에 걸린 사람의 유전자 속에서는 베타 사슬을 만드는 DNA 암호 중 한군데가 A가 T로 바뀌어 있었다. 이 돌연변이가 일어난 곳은 GAA라는 연속된 세 개의 염기 중 한가운데였으며, 이것이 GTA가 되어 있었다.

GAA라는 세 개의 염기는 아미노산의 '글루타민'을 지정하는 암호이다. 반면 GTA는 '바린'을 지정하는 암호이다. 베타 사슬의 아미노산 중 하나가 글루타민에서 바린으로 변했다는 작은 변화 하나만으로 적혈구 모양이 변하고 산소 운반 능력이 저하되어 말라리아에 걸리기 힘들어진 것이다.

유전자도 가족이 있다

헤모글로빈의 알파 사슬과 베타 사슬은 각각 다른 유전자로 구성된다. 그리고 베타 사슬 유전자와 염기 배열 순서가 매우 닮은 유전자가 여러 개 존재한다는 사실이 밝혀지기 시작했다. 말하자면 '유전자 가족'이라는 집단이 있다는 것이다. 가족 구성원들 중에는 지금은 사용되지 않는 '미이라 유전자'라고 할 만한 것도 발견되었다.

뭉드러진 채 그대로 있는 미이라는 '위유전자pseudogene'로 불린다. 또한 유전자 가족이 있다는 것은 먼 옛날에 어떤 일을 계기로 유전자가 몇 배로 늘어났으며 그것이 반복됨에 따라 늘어난 유전자들이 각각 돌연변이를 꾸준히 축적해 조금씩 다른 모양으로 변한 결과라고 여겨진다.

겸상적혈구 빈혈증을 일으키는 헤모글로빈 베타 사슬의 돌연변이는 염기 한 개가 대치된 것이다. 하지만 돌연변이에는 생각할 수 있는 한 다양한 유형들이 존재한다. 예를 들어 유전자의 일부 또는 전부가 완전히 사라진 것, 유전자 속에 여분의 염기가 한 개 또는 덩어리로 들어간 것, 더 나아가 관계없는 유전자 두 개가 붙어 버린 것 등 정말 다양하다. 결국 유전자는 너무나 쉽게 돌연변이를 일으킨다.

유전자 한 개의 가능성

이렇게 인간을 포함한 진핵생물 유전자의 염기서열을 해독한 결과, 또 하나의 기묘한 현실이 드러났다. 염색체 DNA 암호열이 도중에 갑자기 끊기고 그 뒤로 알 수 없는 문자열이 나오다가 다시 제대로 된 암호문이 이어지기를 반복한다는 사실이다. 세균의 DNA 암호문은 중간에 끊기는 일 없이 처음부터 끝까지 연속되어 있었다. 이에 비해 진핵생물은 갈기갈기 잘린 암호문을 솜씨 좋게 고쳐 단백질을 만들기 위한 올바른 정보를 골라내는 듯했다.

세포핵에서 DNA가 전사한 최초의 RNA 복사본은 암호문과 무의미한 문자열을 모두 포함한 상태였다. 그런데 핵에서 단백질의 부엌인 세포질로 나가는 메신저 RNA는 중간 중간 끼어 있는 무의미한 부분을 깨끗이 제거하고 그 양 끝단을 제외하고는 암호만을 간직하

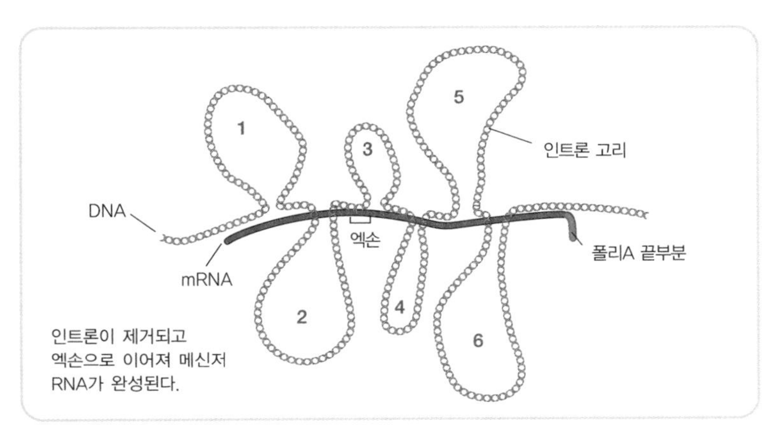

그림 5-13 **DNA의 스플라이싱**

도록 정형 수술을 받은 상태였다. 이 정형 수술을 일컬어 '스플라이싱'이라고 한다. 정형 수술시 잘려 나가는 부분을 '인트론intron', 보존되어 메신저 RNA 속에 들어가는 부분을 '엑손exon'이라고 한다. 진핵생물의 경우, 한 개의 암호문은 수 개에서 수십 개의 엑손으로 나누어져 있다(그림 5-13).

이렇듯 유전자가 복수의 엑손으로 갈라짐으로써 유전자에 새로운 가능성이 열린 것은 사실이다. 즉, 여러 개의 엑손 중 무엇과 무엇을 연결할지 선택의 여지가 생긴 것이다. 한 개의 유전자에서 여러 종류의 암호문을 가진 메신저 RNA를 만들고 그것을 바탕으로 다른 종류의 단백질을 생성할 수 있다. 실제로 극단적인 사례를 보면 유전자 한 개가 수천 종류의 단백질을 만든다는 가능성도 제기되고 있다. 엑손 사용법이 사람마다 다르다면 각자의 개성은 그것에 따라 형성될 수도 있다.

물론, 엑손의 편집 방법을 바꾸어 사용 가능한 용량을 늘린 것은 세포의 고육지책이었는지도 모른다. 유전자 암호문 한가운데에 여분의 DNA가 들어간 것이 먼저였고, 그것을 제외하고 어떻게든 정보를 빼내려는 동안 스플라이싱이라는 작용이 생겼을 가능성도 있기 때문이다.

움직이는 유전자의 발견

세포 밖에서 들어온 DNA가 염색체에 들어가는 일은 세균에 달라붙는 바이러스인 박테리오파지의 사례를 보면 명확하다. 비슷한 행동을 하는 침입자 DNA, '트랜스포존'이 있다.

1950년대에 바바라 매클린턱(1983년 노벨상 수상, 그림 5-14)은 옥수수 씨앗 색의 유전 양식을 연구하기 시작했다. 옥수수의 알들 하나하나가 색이 다른 모자이크처럼 되어 있는 것을 본 적이 있을 것이다. 옥수수 한 개를 이루는 세포들은 모두 같은 유전자를 가지고 있기 때문에 보통 그 씨앗(알알이 붙어 있는 것들)은 같은 색을 띤다.

그런데 다른 계통의 옥수수를 섞으면 한쪽 계통에 다른 계통의 유전자가 유입돼 극히 높은 빈도로 돌연변이가 일어나 노란색에서 검은색으로 변한다. 알 하나하나는 각각 다른 세포이기 때문에 색 유전자에 돌연변이가 나타나면 옥수수에 검은 '얼룩'을 형성했다. 한 개의 유전자에 다른 유전자가 작용해 전자에 돌연변이를 유발한 것이다. 게다가 돌연변이를 유발하는 유전자는 세대가 바뀔 때마다 염색체 내의 다른 장소로 이동하는 듯했다.

당시 유전자는 염색체의 정해진 위치에서 떠나는 일이 없다고 생각했기 때문에 매클린턱의 가설에 귀를 기울이는 사람은 없었다. 실은 이때 그녀가 관찰한 것이 '트랜스포존', 즉 '움직이는 유전자'였다.

그림 5-14 **'움직이는 유전자' 를 생각해 낸 바버라 매클린턱**

이기적인 유전자

트랜스포존은 본래 외부에서 온 DNA로 때로는 숙주의 염색체에 들어가 그대로 염색체의 일부인 척 행세하며 복제와 분배를 거쳐 부모에서 자식으로 전해진다(그림 5-15). 그 과정에서 염색체 내의 본래 위치를 벗어나 새로운 위치로 들어가는 일이 생긴다. 끼어 들어간 장소가 숙주의 유전자 안이면 여분의 염기 문자가 그곳에 들어가 돌연변이를 일으킨다. 트랜스포존은 자신의 DNA를 늘리기 위해 행동하지만 그 결과 숙주에게 피해를 주는 것이다. 즉, 트랜스포존은 '이기적 유전자' 이다.

트랜스포존은 생물 종에 따라 독특하게 나타난다. 예를 들어 과실

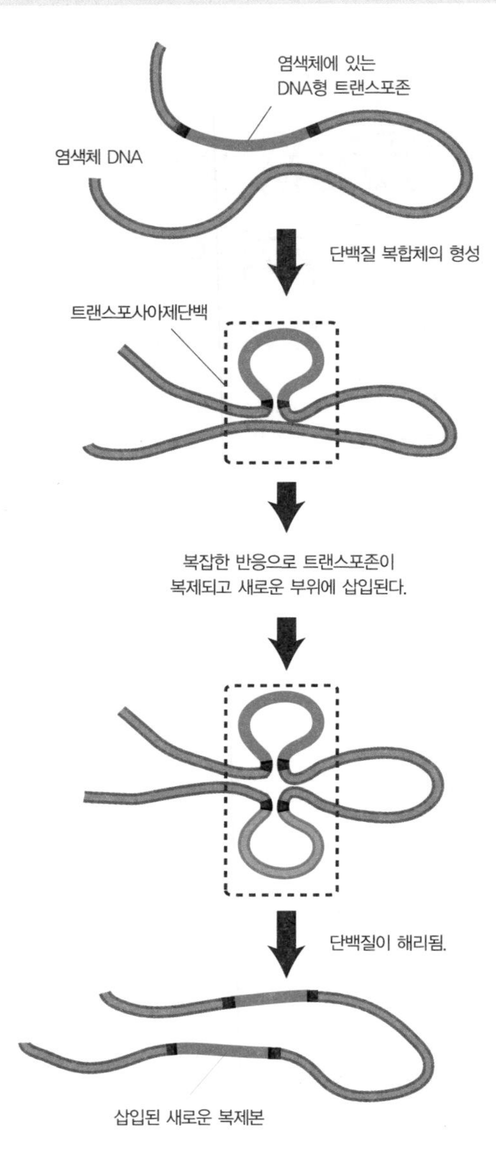

트랜포스존은 '트랜스포사아제transposase'라는 효소를 만들어 숙주의 염색체를 들락날락 할 수 있다. 그 과정 중 그림에서처럼 복제되는 것도 있다.

그림 5-15 **트랜스포존의 성질**

파리 특유의 트랜스포존은 약 3000개의 염기서열에서 나온 'P인자'이다. 당초 모건이 실험실에 가져온 과실파리에는 P인자가 전혀 들어 있지 않았다. 그런데 그로부터 100년도 지나지 않은 지금 같은 곳에 사는 과실파리는 P인자를 잔뜩 보유하고 있다.

트랜스포존이 매일처럼 과실파리에 새로운 돌연변이를 일으키는 경이로운 일을 하고 있다. 많은 유전자들이 몇만 년 동안 변하지 않고 보존되고 있는 반면, 단 수 년 단위로 변화를 일으키는 유전자도 있다는 이야기이다.

질병을 일으키는 유전자

옥수수나 과실파리에게 트랜스포존이 있다면 인간에게도 있는 것이 당연하다. 실제로 우리 인간의 염색체 속에도 트랜스포존이 가득하다. 그렇다는 것은 이것이 원인이 되어 인간도 돌연변이를 일으킨다는 뜻이다.

예를 들어 선천적 정신지체질환 중 하나인 '취약성 X증후군fragile X syndrome'이 있다. X염색체 속 어느 유전자에 들어간 '움직이는 유전자'가 원인이라고 알려졌다. 게다가 세대가 거듭될수록 복제되는 수가 늘어나 증상이 나빠진다.

트랜스포존 같은 움직이는 유전자가 숙주의 염색체에 침입하면 탈출할 때마다 염색체에 상처를 내기 때문에 돌연변이를 낳는 원인이 된다. 또, 착륙이나 이탈에 실패한 우주선처럼 염색체에 낀 채 그대로 움직이지 못하게 된 유전자가 숙주의 DNA 속에 축적되기도 하는데 그 양이 어마어마하다. 세균의 염색체와는 달리 고등동물이나 식물의 염색체에는 아무런 정보도 없는 것 같은 부분들이 끝없는 사막처럼 이어져있다. 마치 사막 속 오아시스처럼 그 속에 유전자가 떠 있다.

그런 '무의미' 한 부분에는 수 문자에서 수백 문자에 달하는 같은 문자열이 몇 번, 때로는 수천 번 반복된다. 이것을 '반복배열' 이라고 한다. 이들은 과거에 침입한 움직이는 유전자의 잔해로 여겨진다.

범인 잡는 DNA

중요한 작용을 담당하는 유전자에 움직이는 유전자가 끼어들어 돌연변이를 일으키면 옥수수와 파리 그리고 인간은 생존하지 못하고 돌연변이를 유발한 유전자와 더불어 모두 땅에 묻히고 말 것이다. 하지만 '무의미한' 위치에 들어간 움직이는 유전자는 좋은 영향도 나쁜 영향도 주지 않고 그대로 자리를 지키게 된다. 그 결과, 염색체에는 그 잔해가 유유히 축적된다. 이런 종류의 반복배열에는 개인차가 크다. 따라서 개인 식별을 위한 도구로 사용할 수 있다. 특정 반복배열의 길이나 횟수를 단서로 범죄 수사나 친족 확인이 가능하다. 말하자면 'DNA 감정' 이다.

무의미한 위치라는 점에서 남성의 Y염색체는 가장 대표적인 예이다. 물론 Y염색체에는 생식소生殖巢를 남성화하는 데 필수적 유전자인 'Sry' 가 붙어 있다. 하지만 그것을 뺀 나머지에는 기능을 가진 유전자가 거의 없다. 때문에 Y염색체는 반복배열의 소굴이다.

반복배열이 잔존하는 곳은 결국 도태 작용이 미치지 않은 곳이다. 그런 장소에는 트랜스포존이 계속해서 쌓인다. 그 결과, 염색체에는 제대로 활동하는 유전자가 집중한 부분과 유전자가 띄엄띄엄

그림 5-16 **노랑과실파리의 타선염색체**

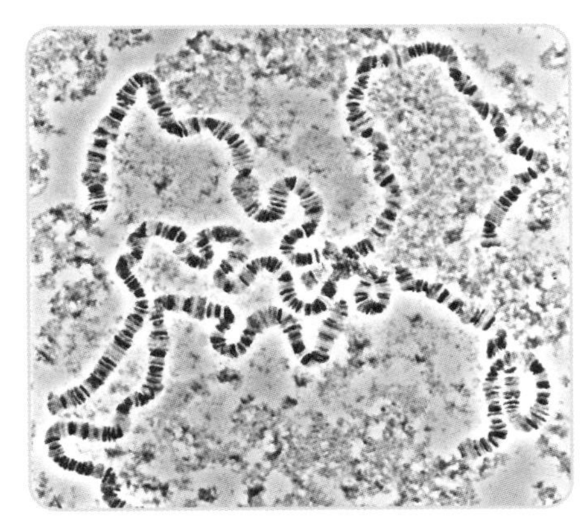

있으면서 반복배열로 어지럽게 굳은 부분이 생기게 된다. 유전자가 집중된 부분은 '진정염색질euchromatin'이고, 유전자가 드물고 반복배열이 풍부한 부분은 '이질염색질hetero-chromatin'이다. 이질염색질 부분은 꽉꽉 압축되어 있다.

과실파리의 타액선 염색체(그림 5-16)는 크기가 크기 때문에 현미경으로 쉽게 관찰할 수 있으나, Y염색체만은 어디에 있는지 알 수 없다. 이질염색질로 된 Y염색체는 응축되어 있어, 염색체를 다발로 묶고 있는 염색체 가운데 부분의 검은 점에 모이기 때문이다.

DNA가 없는 유전자

이런 연구들이 진전되면서 멘델이나 모건이 그렸던 유전자상과는 거리가 먼 현실이 명확해져 갔다. 그리고 왓슨과 크릭의 '중심원리' 또한 수많은 도전을 받게 된다.

분자생물학의 중심원리에 의하면 유전정보는 DNA부터 RNA 그리고 단백질이라는 한 방향으로 전달된다. 그런데 레트로바이러스

retrovirus의 등장으로 예외가 있다는 것이 드러났다.

레트로바이러스에는 여러 가지가 있는데, 그중 하나가 에이즈의 원인 바이러스인 'HIV'이다. HIV는 백혈구에 침입해 면역기능을 죽이고 병원체 감염에 대한 숙주의 저항력을 뺏는다.

레트로바이러스 유전자는 DNA가 아닌 RNA로 이루어져 있다. 실은 RNA가 유전자로 작용할 가능성은 왓슨과 크릭의 DNA 이중나선 이론이 등장하기 훨씬 전에 예상했던 일이었다. 이미 1930년대 후반에 식물 바이러스에게 RNA는 있지만 DNA가 없다는 사실이 알려져 있었기 때문이다.

무너져 버린 유전학의 중심원리

하지만 그 사실이 실험으로 입증된 것은 1956년의 일이었다. 독일의 알프레드 가이에르가 담배모자이크 바이러스tobacco mosaic virus, TMV(그림 5-17)에서 추출한 RNA를 사용해 단백질 없이도 감염이 된다는 것을 밝혀냈다.

유전자가 RNA로 구성된 바이러스는 종종 존재한다. 유행성이하선염이나 폴리오 등은 모두 RNA 바이러스 감염에 의해 생기는 것이다. 이들 RNA 바이러스는 복제할 때 일시적으로 두 줄의 RNA가 이중나선을 만든다. DNA 복제와 완전히 똑같다. 애초에 생명이 이 세상에 태어난 30억 년 전에는 DNA가 아닌 RNA가 유전 물질로 사용되었을 것이라는 견해는 오늘날 상식으로 자리잡았다.

RNA바이러스 중에서도 레트로바이러스는 조금 다른 방식으로 복제한다. 감염을 유발하는 본체인 한줄사슬의 RNA가 주형(필름)이 되어 그 '사진'에 해당하는 한줄사슬의 DNA가 먼저 만들어진다.

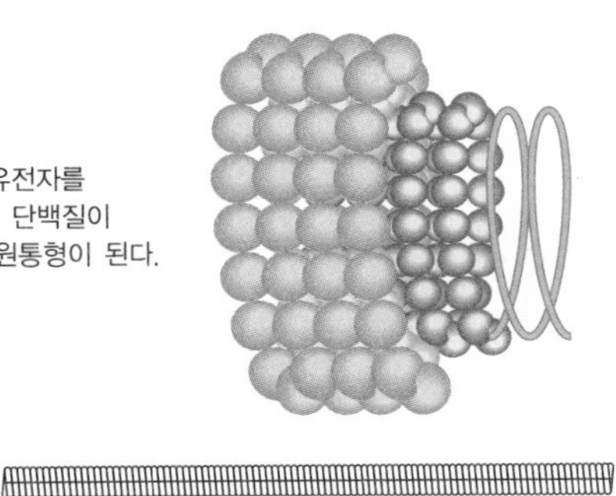

그림 5-17 **담배모자이크 바이러스의 구조모형**

이어서 이 한줄사슬 DNA의 '사진'을 가지고 '필름'을 만들어 두줄사슬 DNA가 된다. 이 두줄사슬 DNA는 감염된 숙주의 염색체 DNA 속에 침입한다. 그리고 이 DNA '필름'으로 많은 '사진'들, 단 이번에는 RNA로 이루어진 '사진'들이 전사되어 바이러스 증식이 시작된다.

이렇듯 레트로바이러스는 중심원리가 말하는 DNA에서 RNA라는 흐름과는 역방향으로 정보가 흘러간다. 이 역방향의 흐름이 보편적으로 받아들여지게 된 것은 RNA에서 DNA로 가는 정보를 그려 내는 작용을 하는 '역전사 산소'가 발견된 1960년 이후이다.

이 산소를 발견한 것은 미국의 매사추세츠 공과대학의 데이비드 볼티모어 팀과 위스콘신 대학교 미즈타니 아키라와 하워드 테민 팀이었다. 이 업적으로 볼티모어와 테민은 SV 바이러스를 활용해 배양접시에서 키운 세포를 암세포로 바꾸는 데 성공한 레나토 둘베코와 함께 1975년에 노벨상을 수상했다(그림 5-18).

그림 5-18 **볼티모어, 테민, 둘베코**

지름길을 알려 주는 유전자

이렇게 발견된 역전사 산소는 그 후 유전공학의 발전에 없어서는 안 될 도구가 되었다. 그중 하나가 메신저 RNA를 주형으로 역전사 산소의 작용을 빌리는 DNA 복제라는 응용법이었다.

이 DNA에는 메신저 RNA의 암호가 '반대로 찍혀' 들어 있기 때문에 그 염기배열에서 본래의 메신저 RNA가 가진 염기배열을 알 수 있다. 이 DNA는 'cDNA'(상보적 DNA)로 불린다. A에 결합(대응)하는 T, G에 결합(대응)하는 C가 서로 '상보적相補的, complementary'이라는 표현에서 앞에 c가 붙게 되었다.

DNA는 RNA와는 비교할 수 없을 정도로 안정적이고 조작도 쉽기 때문에 메신저 RNA를 사용하는 것보다 cDNA를 사용하는 것이 몇 배 유리하다. 또한, 메신저 RNA는 스플라이싱 후의 것이기 때문에 인트론이 빠져 있어 그 복제물인 cDNA를 사용하면 암호를 연속해서 꼼꼼히 읽어 낼 수가 있다.

생체에서 꺼낸 메신저 RNA를 주형으로 사용하고, 거기에 프라이머가 되는 합성 DNA를 추가해 역전사 산소를 활용한 PCR방법으로 증식시키면, 찾고 있는 메신저 RNA의 사본인 cRNA만을 늘려 추출할 수 있다. 이것은 'RT-PCR'(역전사Reverse Transcription의 앞 글자를 따서 RT라고 한다)이라고 해서, 겨냥한 유전자의 암호 부분을 시험관 속에서 쉽게 얻을 수 있는 방법이다.

DNA도 RNA도 없는 프리온

왓슨과 크릭이 세운 중심원리를 위협하는 발견은 계속해서 등장했다. 1982년 미국의 스탠리 프루시너(1997년에 노벨상 단독 수상)가 DNA도 RNA도 없이 감염을 유발하는 단백질로만 이루어진 병원체를 발견한 것이다. 이 병원체는 '프리온Prion'이었다. 단백질로 구성된 감염성 입자를 의미하는 영어 앞 글자들을 나열해 이름 붙였다.

프리온은 한마디로 '광우병'(우해면상뇌증)을 일으키는 병원체이다. 양의 '스크래피scrapie'나 인간의 '크로이츠펠트·야콥병'(그림 5-19)인 프리온병은 모두 뇌에 뻥뻥 구멍을 뚫어 이상행동을 유발하고 마지막에는 죽음에 이르게 한다.

한때 파푸아뉴기니에서 유행한 프리온병인 '쿠루병Kuru'은 식인 문화 때문에 발생했다는 설이 있다. 영국에서는 광우병(우해면상뇌증)에 감염된 사람이 몇 명 출현했는데, 그 결과 그 오염 기간 중 영국에 1개월 이상 체재한 사람은 모균자일 가능성이 크다고 여겨 헌혈을 금지하고 있다.

착한 프리온과 나쁜 프리온

프리온은 사실 외래 병원체가 아니다. 프리온은 진핵생물의 염색

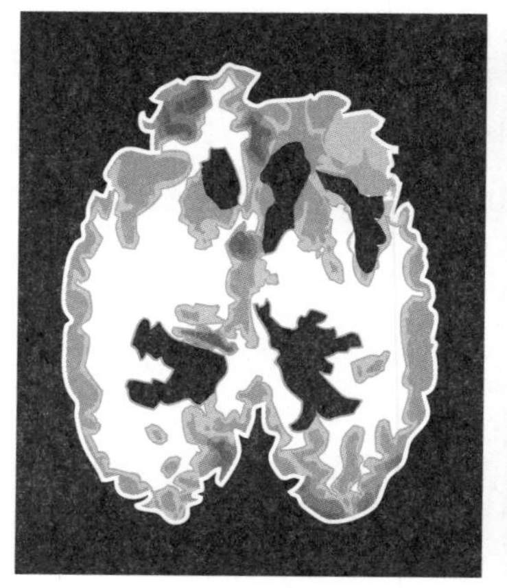

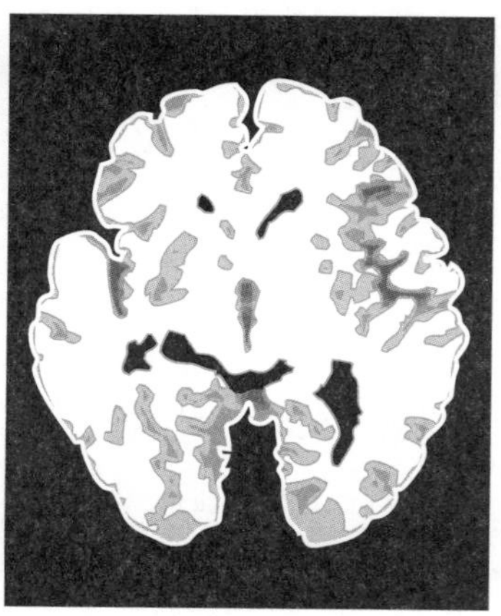

크로이츠펠트-야콥병 환자의 뇌(왼쪽)와 정상적인 뇌(오른쪽)를 비교

쿠루 환자

그림 5-19 **프리온병의 영향**

체에 들어 있는 유전자가 만들어 낸 신경세포 표면의 '보통' 단백질 중 하나다. 물론 평소에 질병의 원인이 되는 일은 없다.

건강한 인간이나 동물이 가진 정상 프리온과 질병을 일으키는 성질을 가진 이상 프리온은 대체 어디가 어떻게 다를까? 줄줄이 이어진 아미노산의 사슬이 단백질이라는 것은 여러 번 언급했다. 하지만 이 사슬은 반듯한 막대기 모양을 하지 않고 접혀 있다. 접힌 양상은 대략 두 가지가 있다. 하나는 전화선처럼 꼬불꼬불 말린 것으로, '알파-나선구조α-helix' 라고 한다. 또 하나는 이불을 접을 때처럼 납작하게 겹친 모양으로 '베타-병풍구조β-sheet' 라고 한다(그림 5-20).

프리온 단백질 중 정상 프리온은 알파-나선구조를 갖지만 이상 프리온은 베타-병풍구조를 갖는다. 베타-병풍구조인 프리온에 접촉하면 알파-나선구조인 정상 프리온 단백질도 단번에 베타-병풍구조로 변해 병을 일으키는 것이 아닌가 하는 가설이 나오고 있다.

좌충우돌하는 유전학

중심원리에 의하면 DNA에서 RNA가 만들어지고 RNA는 단백질을 생성함으로써 제 기능을 한다. 대부분의 유전자는 단백질 설계도를 제공하기 위해 존재한다는 사고이다. 하지만 단백질을 만들지 않고도 활동하는 유전자가 연이어 발견되면서 '유전자=단백질 설계도' 라는 신화도 빛이 바래기 시작했다.

유전자의 작용을 제어해 어떤 일이 일어나는지 관찰함으로써 그 유전자의 역할을 알아내는 것이 유전학이다. 고전적인 방법으로는 X선을 입사하거나 독가스를 뿌려 돌연변이를 유발하는 것이 있다. 돌연변이를 유발한다는 것은 유전 정보의 큰 뿌리인 염색체의 DNA

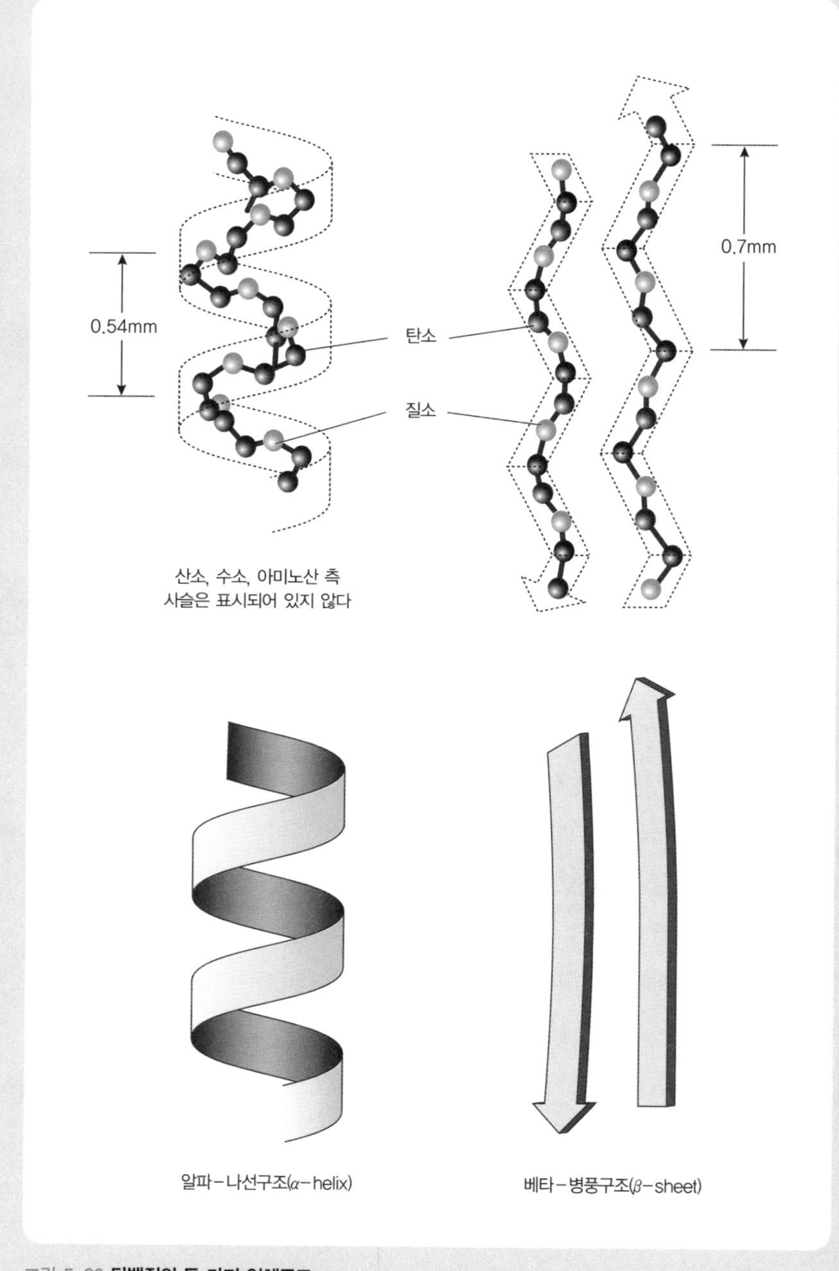

그림 5-20 **단백질의 두 가지 입체구조**

에 손상을 입혀 그 정보를 변화시키는 것이다. 하지만 중심원리에 의하면 DNA 복사본에 해당하는 메신저 RNA를 파괴해도 그 유전자의 활동을 막을 수 있어야 한다.

메신저 RNA는 한줄사슬이다. RNA는 DNA와 마찬가지로 상보적 염기끼리 붙어 두줄사슬을 만들 수 있다. 그렇다면 활동을 막고 싶은 메신저 RNA와 상보적 배열(RNA가 필름이라면 사진에 해당하는 배열)을 가진 인공 RNA를 만들어 세포에 삽입하면, '사진'이 '필름'에 붙어 메신저 RNA를 방해해 그 기능을 제어할 수 있는 것이 아닐까라는 발상이 등장했다.

이 발상을 바탕으로 인공적으로 만든 '사진' 역할의 RNA가 '안티센스antisense RNA'이다. '안티'는 상보적 배열을, '센스'는 의미를 가진 유전 정보를 뜻한다. 이 한줄사슬로 된 안티센스 RNA는 한때 한창 연구 대상이 되었으나 성과는 없었다.

인간의 질병을 정복할 수 있을까?

그리고 세월이 흘렀다. 1998년 미국의 앤드루 파이어와 크레이그 멜로 팀은 두줄사슬 RNA를 선충(학명은 '시 엘리건스', 그림 5-21)에 주입하자 그것과 같은 배열을 가진 유전자의 활동이 제한되었다고 보고했다. 두줄사슬 RNA를 세포에 넣어 유전자 기능을 제한하는 기술을 'RNA 간섭법'(RNAi, i는 영어로 간섭을 뜻하는 interference에서 유래)이라고 하게 되었으며 파이어와 멜로는 2006년에 노벨상을 수상했다.

돌연변이를 유발해 이용하는 방법은 아무 생물에게나 적용할 수는 없으며 대장균, 효모, 선충, 과실파리, 쥐 등 특정 종류에 한정된다. 이에 반해 RNA 간섭법은 거의 대부분의 생물에 응용할 수 있기 때문에 발견 후 몇 년 만에 폭발적 인기를 끌었다. 또한 유전자 자체를 손상시키는 일 없이 다양한 질병 치료에 바로 응용할 수 있지 않을까 하는 기대를 받고 있다.

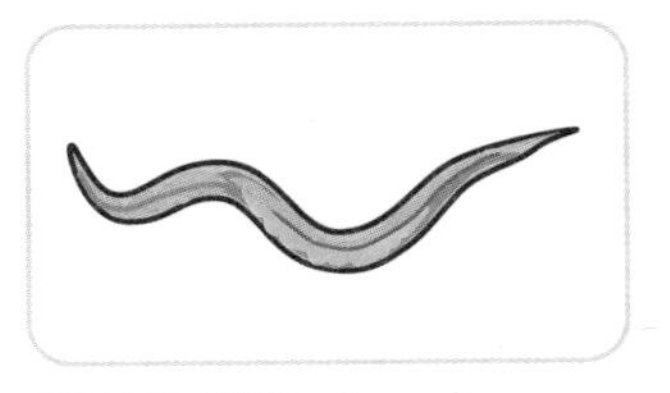

그림 5-21 **선충(C. elegans)**

분자생물학, 그 미지의 세계

두줄사슬 RNA가 실험 '도구'로써 퍼지게 되면서 그 구조 연구가 진전됨에 따라 그때까지 분자생물학계가 완전히 놓치고 있었던 공백지대가 차차 그 모습을 드러내기 시작했다.

일단, 인공적으로 합성해 세포에 주입한 두줄사슬 RNA는 세포 속에서 조각조각 잘린 후, 어김없이 21개의 염기가 이어진 작은 두줄사슬 RNA가 된다는 사실이 밝혀졌다. 그 작은 두줄사슬 RNA는 그 후 한줄사슬이 되어 21개의 염기서열과 딱 맞는 상보적 배열을 가진 메신저 RNA에 들러붙어 그것을 분해했다(그림 5-22).

이어서 인공적으로 만든 두줄사슬 RNA에서 나온 것과 흡사한 21개의 염기로 이루어진 RNA, '마이크로 RNA'(miRNA)를 세포 스스로 생성한다는 사실이 드러났다. 이 마이크로 RNA는 세포 염색체 DNA의 일부를 읽어 내어 형성된다. 즉 '보통'의 유전자와 마찬가지로 전사되는 것이다. 하지만 중심원리가 말하는 '보통' 유전자와는 달리 단백질 설계도는 들어 있지 않았다. 이들은 그대로 RNA로서 활동한다.

인공적으로 만든 두줄사슬 DNA를 세포에 주입하면 특정 유전자의 메신저 RNA가 파괴되는 신기한 현상은 세포가 평소 사용하는 마

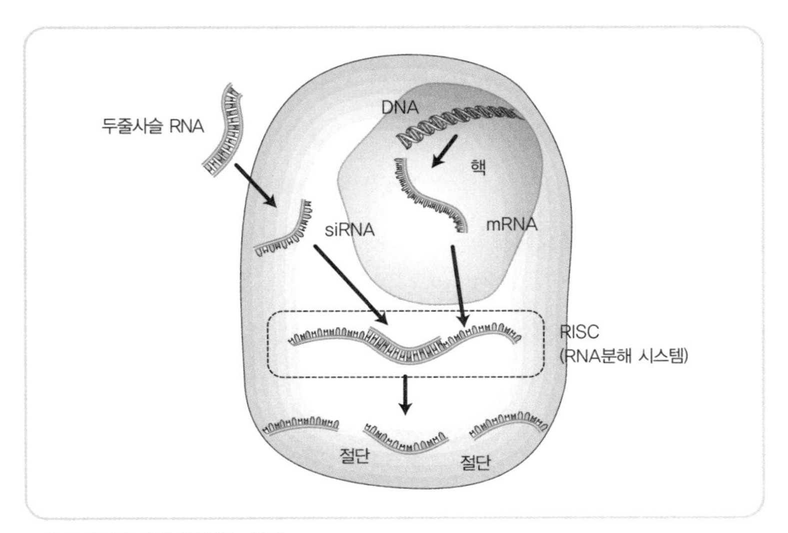

그림 5-22 **RNAi가 작용하는 원리**

이크로 RNA의 활동을 아무 생각 없이 인간이 가로채 이용했기 때문에 생긴 결과였다. 초소형 RNA가 유전자의 작용을 대대적으로 바꾸는 원리 속에서 작용하고 있었다. 그것은 특수한 예외가 아니라 세포에게는 극히 당연한, 하지만 없어서는 안 될 장치였다.

분자생물학의 중심원리가 확립된 이후 이런 기본적인 사실이 알려지지 않은 채 50년 가까이 세월이 흘렀다. 지금 생물학을 연구하는 사람들에게는 마이크로 RNA의 발견은 어제의 일과 같다. 앞으로도 대발견들은 끊임없이 계속될 것이다.

유전자를 완전히 해독할 수 있을까?

인간의 염색체 DNA 염기서열은 2001년에 끝에서 끝까지 거의 완벽하게 해독되었다(그림 5-23). 말하자면 '인간 게놈 해독'이었다.

그 결과, 사람이 가진 유전자는 모두 밝혀졌다고 알려져 있다.

게놈이 해독되기 전에는 인간 유전자의 수를 모두 10만 개 정도로 추론했다. 하지만 실제로 게놈을 해독하고 나니 그 수치는 3만 5000개 정도였다. 과실파리의 유전자가 1만 5000개이므로 파리와 비교해도 인간의 유전자는 겨우 그 두 배 정도밖에 되지 않는다는 약간은 놀라운 결과를 맞이했다. 더 안타까운 일은 인간 유전자 수가 해마다 줄고 있다는 점이다. 지금 그 수는 약 2만 5000개라고 한다. 물론 실제로 존재하는 유전자 수가 그렇게 쉽게 늘거나 줄거나 하는 것은 아니다. 그 추정치가 줄고 있다.

인간 게놈 프로젝트의 한계

아무리 염색체의 염기서열을 해독해 내더라도 그것만으로는 어느

그림 5-23 **인간 게놈 해독 결과를 게재한 《네이처》 표지.**

부분이 유전자인지 확실히 알 수 없는 것이 현실이다. 그전까지 알려진 유전자로부터 '흔한 패턴'을 읽어 내고 컴퓨터로 '아마 여기서부터 여기까지가 X유전자일 것', '여기서부터 여기까지는 아무것도 없는 부분이고, 다음 유전자는 여기서부터 일 것'이라고 예상할 뿐이기 때문이다.

앞서 예로 들었던 헤모글로빈처럼 단백질로 잘 알려진 것들을 틀릴 리가 없다. 또 cDNA를 복제할 때도 안심할 수 있다. 왜냐하면 cDNA는 메신저 RNA의 복사본이기 때문에 틀림없이 해독할 수 있고, 이는 곧 그에 해당하는 유전자가 염색체 DNA 속에 있다는 뜻이기 때문이다. 게다가 cDNA에는 인트론 같이 쓸데없는 부분이 없으므로 cDNA와 대조해서 염색체의 DNA 속에 같은 문자열이 있으면 유전자의 시작 부분, 인트론과 엑손의 경계, 유전자 끝 부분을 모두 알 수 있기 때문이다.

그런데 단백질도 알려지지 않고, cDNA도 구하지 못한 유전자는 '그럴듯한' 문자열에 따라 유전자의 위치를 추정하는 방법밖에 없다. 이런 이유로 게놈 해독이 끝난 후로도 꽤 많은 유전자들을 추정할 수밖에 없으며, 추정치인 이상 틀리는 경우도 생기는데 그 경우 등록된 유전자를 지워야 하는 쓰라린 경험을 하기도 한다.

여기서 문제가 되는 것은 주로 단백질 설계도를 짊어지고 있는 '보통 유전자' 패턴을 기준으로 유전자의 '그럴듯함'을 평가한다는 점이다. 단백질을 생성하지 않고 작용하는 유전자, 예를 들어 마이크로 RNA를 만드는 작업을 하는 유전자의 경우, 유전자로서는 '그럴듯하지 않다'고 판단되기 쉽다는 것이다.

실제로 생물 종에 상관없이 동일한 작용을 가진 단백질은 아미노산의 구성 순서가 흡사하며 유전자 서열도 유사한 경향이 있는데 반해, 마이크로 RNA 등은 장소에 따라 내용도 바뀌 듯이 종에 따라 크게 달라지는 경향이 있다. 때문에 게놈 프로젝트에는 단백질을 생성하지 않는 유전자들이 다수 빠져 있다고 생각해도 무방하다. 따라서 한 번 줄어든 인간 유전자도 언젠가 다시 증가하기 시작할 것이다.

제6장

아침형 인간을 만드는 유전자?

단순한 생물에서 답을 찾다

1950년대부터 1960년대 전반에 거쳐 분자유전학의 중심원리가 순식간에 확립되었고 그 선두 다툼에서 격전을 벌이던 사람들은 '큰 줄기는 전부 파악했다' 고 생각하기 시작했다. 실제로 10년 후에는 유전자 재배열 기술 개발이라는 혁명이 기다리고 있었다. 앞서 설명해 온 것처럼 아직 해결되지 않은 큰 원리들이 많이 남아 있었지만 말이다.

유전자 연구는 이제 끝이라고 생각한 그들은 더 큰 돈줄을 찾아 새로운 도전에 나섰다. 그 돈줄이란 행동과 마음이었고, 그것을 만들어 내는 뇌였다. 마음의 생물학적 이해는 확실히 유전자와는 비교할 수 없을 정도로 난해한 미지의 영역이었다.

분자유전학에서 행동과 뇌에 대한 연구로 전향해 뇌 연구라는 골드러쉬의 선두에 선 세 명의 과학자를 들자면 시드니 브레너, 마셜 니런버그, 세이모어 벤저일 것이다(그림 6-1). 이 셋의 공통점은 뇌와 마음을 알고자 하는 것만이 아니었다. 그때까지 뇌 연구를 진행해 온 행동과학자나 신경생리학자들과 달리 분자유전학이 철저히 파헤쳐 성공하게 된 요인인 '단순한 명제를 사용해 철저히 분석' 한

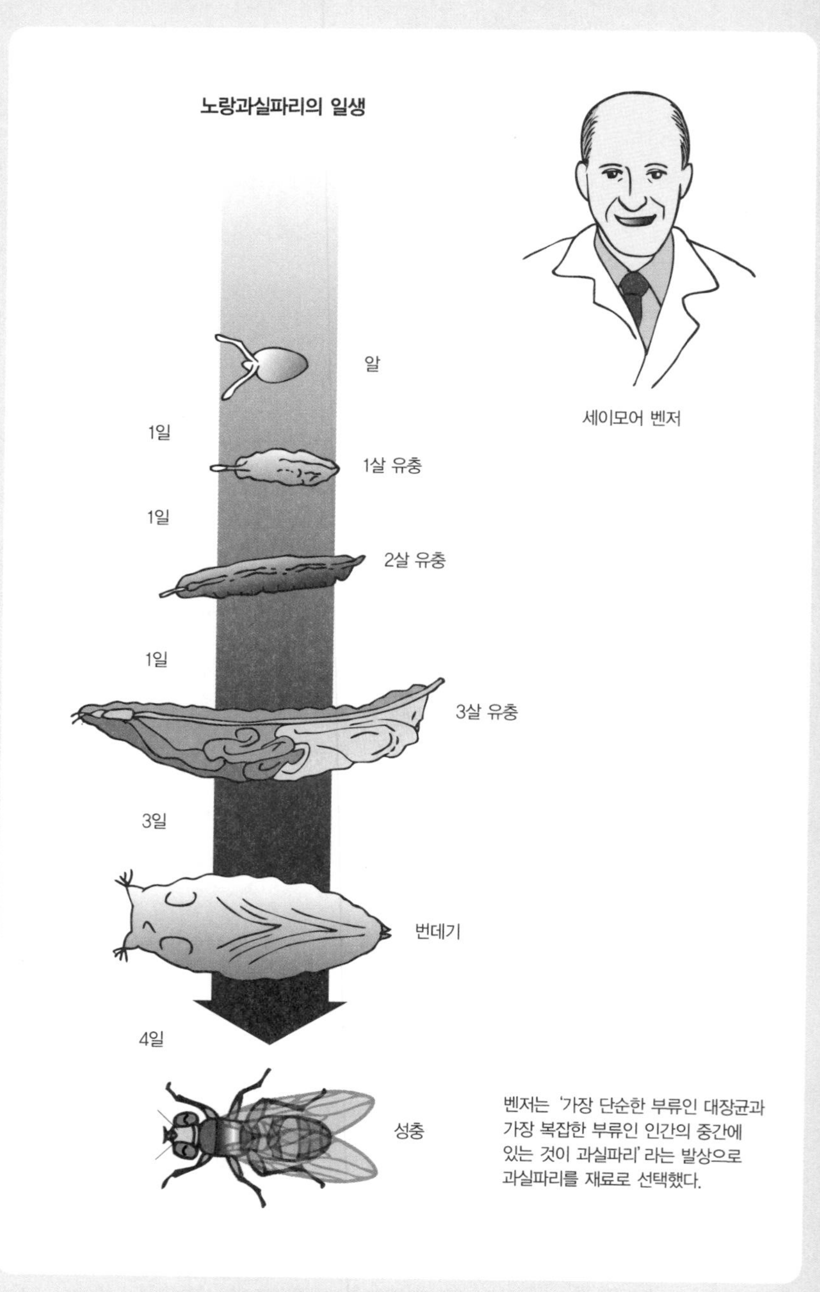

그림 6-1 **세이모어 벤저와 그가 선택한 실험 재료인 과실파리**

다는 입장을 전면에 세워 유전자 해독 연구를 실행했다는 점이었다.

단순함, 그것이 가장 중요했다. 그래서 브레너가 고른 것이 선충이다(그림 5-21). 선충의 몸을 구성하는 세포는 딱 959개로 모든 개체들이 똑같다. 그 모든 세포에 이름표를 붙이고 연구할 수 있었다. 이만큼 재현성이 뛰어난 시스템은 흔치 않았다. 선충은 투명하기 때문에 그 체내에서 신경세포가 생성되는 모양이나 이동하는 모습 등을 살아 있는 그대로 관찰할 수 있었고 돌연변이를 만들기도 쉬웠다.

실제로 연구가 계속되던 중 세포가 언제 어떻게 생겨나는지 완전히 그려 넣은 세포 가계도(세포의 계보)를 제작하기도 했다. 신경계의 경우, 신경세포끼리 형성하는 모든 결합이 기재되어 있었다.

선충은 그 후 생물학의 첨단 연구를 이끄는 '모델 생물'의 자리를 꿰찼고, 이미 소개했던 앤드루 파이어와 크레이그 멜로 외에도 시드니 브레너와 존 설스턴, 로버트 호로비츠에게 노벨상을 안겨주었다.

생명력이 강한 세포 길들이기

1960년대 초, 연구 분야를 바꾼 이들 중 한 명이었던 마셜 니런버그는 연속된 세 개의 염기서열과 아미노산의 짝을 밝혀낸 업적으로 노벨상을 받았다. 니런버그는 복잡한 뇌, 즉 포유류의 뇌를 단순한 요소로 분해하는 연구에 집중했다. 그는 시험관 속에 단순한 '뇌'를 만들었고, 그 뇌를 모델로 분석하는 방법을 시도했다. 신경세포를 배양하고 접시 속에서 그 세포들끼리 네트워크를 형성하게 만들어 그 작동 원리를 연구하려는 것이었다.

신경세포라고는 해도 생체에서 추출해 배양접시에 심은 세포(초대 배양세포)는 너무 복잡했다. 생체에서 추출한 세포는 어느 정도 양이

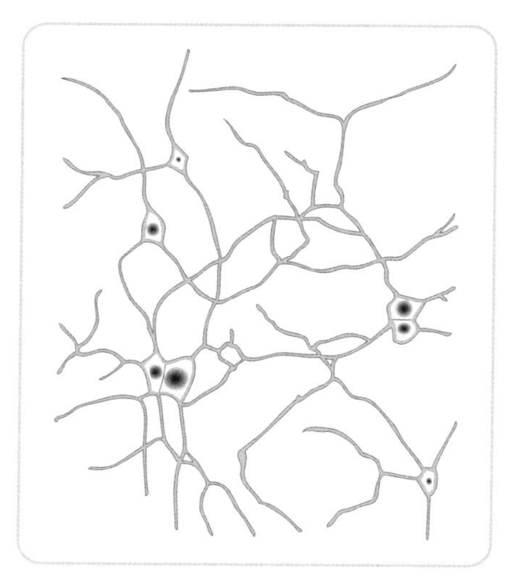

그림 6-2 **배양접시 속 주화세포 뉴로블라스토마**

있는 집단을 만들지 않는 한 접시에서 자라지 않는다. 왜냐하면 집단이라는 것은 유래가 다른 것들인 데다가 어디의 누구인지도 모르는 세포들일 수밖에 없기 때문이다.

그래서 니런버그는 '주화세포株化細胞'를 사용하기로 했다. 주화세포란 생체에서 추출해 키우던 중 다른 세포들이 죽어도 끝까지 생존한 세포로, 배양접시 속에서 증식을 계속하며 그 일부를 옮겨 심을 수도 있는 세포를 말한다. 주화세포는 암으로 변화한 세포에서 생성된 것으로 여겨진다.

주화세포는 단 한 개의 세포를 추출해 심어도 배양접시에 가득 증식한다. 이렇게 늘어난 세포는 가장 처음에 추출해 낸 한 개의 세포가 분열해 생긴 것이기 때문에 안에 담긴 유전정보는 어느 세포라도 모두 같다. 즉 '복제세포'이다. 이런 복제세포라면 통째로 취급해도 한 개의 세포를 상대할 때와 같은 정밀함이 보장된다고 생각한 것이다.

당시 고든 사토는 뉴런을 생성하는 간세포幹細胞 암의 일종인 '신경아세포종'(뉴로블라스토마)을 주화세포로 유지했다(그림 6-2). 또한 뉴런을 돕는 작용을 하는 교질세포가 암이 된 '신경교종'도 확인되었다.

길들여진 배양세포의 한계

니런버그 팀은 세포 융합 기술을 이용해 뉴로블라스토마와 신경교종의 교배종 세포를 만들었고, 거기에서 수많은 복제세포를 만들어 냈다. 그 복제세포들 중에서 배양접시 위에 생긴 근육에 시냅스를 만드는 것을 발견했다. 배양접시 위에 뿔뿔이 흩어 놓은 신경세포에 시냅스를 만들어 그 성질을 전기생리학이나 생화학 수법으로 자세히 조사하는 실험 체계는 이렇게 완성되었다. 그 결과 포유류의 뇌 신경계 배양 기술을 비약적으로 향상시켰으며 그 후의 신경과학 발전에 배양이라는 선택지를 뿌리 깊이 남기는 역할을 했다.

하지만 각각의 뉴런들이 정해진 상대와 시냅스를 만드는 배경에는 분자 간에 어떤 것이 오고 가는지, 시냅스(신경회로)의 특이성을 정하는 유전자 원리는 무엇인지, 그리고 시냅스의 밀도와 행동의 상관관계는 무엇인지 등 당초 알고 싶었던 문제에 근접하기에는 아직 모자랐다.

배양접시 위에서는 생체 내에서 일어나는 것과 같이 특이한 시냅스가 형성되는 모습을 재현할 수 없었는데, 이는 다른 형질(표현형)을 생성하는 유전자(유전형)를 특정하는 기술이 배양세포를 상대로는 아주 한정되었기 때문이다. 그 후, 니런버그 스스로도 포유류의 배양신경세포를 활용한 연구를 뒤로 하고 '유전학적으로 착한' 모델 생물인 노랑과실파리를 연구 재료로 쓰게 된다.

행동유전학의 탄생

1960년대 후반 브레너, 니런버그와 함께 세균의 분자유전학에서 고차원적인 신경기능의 분자생물학적 연구로 방향을 전환한 거장으로 세이모어 벤저가 있다.

벤저는 본래 물리학자였다. 제2차 세계대전 중에는 미국 진영에서 반도체 개발에 관여했다고 한다. 전후 분자생물학으로 전향해 퍼듀 대학교에서 박테리오파지의 유전학적 구조 연구에 참여했다.

이후 1960년대에 벤저는 연구자 인생의 세 번째 전환기를 맞이했다. 이미 40세가 넘은 벤저가 근대적 행동유전학의 창시자가 된 계기는 무엇이었을까? 미국 국립보건연구원 잡지 인터뷰에서 그 배경을 살펴보자. 아래는 벤저 스스로 인터뷰에 답하며 당시의 심정을 이야기한 것이다.

"저는 그때까지 유전자 구조를 연구해 왔습니다. 제 동기는 호기심 그 자체였습니다. 당시 제겐 딸이 둘 있었는데 작은 아이가 큰 아이와는 전혀 다른 행동을 하는 것이었습니다. 환경에는 큰 차이가 없는데 말입니다. 그 점이 신기했습니다. 그때 마침 신경계가 어떻게 만들어지는지를 다룬 책을 읽고 있었습니다. 제 자신은 유전자 정보가 단백질로 번역되는 원리를 연구해 왔기 때문에 어떻게 하면 게놈부터 신경계까지 도달하게 되는지 생각하다 보니 잠을 잘 수 없었습니다."

따로 움직이는 우뇌와 좌뇌

벤저가 언급한 책에는 1981년 노벨상을 수상하게 된 로저 스페리의 실험(그림 6-3)이 소개되어 있었다. 스페리는 분리뇌 환자의 인지 이상을 보고 인간 뇌의 좌우 활동에 차이가 있음을 시사한 것으로 유명하다.

간질이 뇌 전체로 퍼지는 것을 막기 위해 뇌의 좌우 반구를 잇는 신경선유 다발인 '뇌량腦梁' 절단 시술을 받은 환자들을 분리뇌 환자라고 한다. 이들은 오른쪽 뇌에 전해진 정보와 왼쪽 뇌에 전해진 정보를 각기 따로 처리한다.

인간의 신경은 뇌에 들어가자마자 좌우가 교차한다. 오른손과 오른쪽 시야에서 늘어난 신경은 좌뇌로 이어지며, 왼손과 왼쪽 시야에서 늘어난 신경은 우뇌로 이어진다.

분리뇌 환자의 왼손에 시계를 들게 하고 그것은 무엇이냐고 물으면 무엇인지 모른다고 대답한다. 반면 왼쪽 시야에 다양한 물건을

그림 6-3 **로저 스페리의 실험**

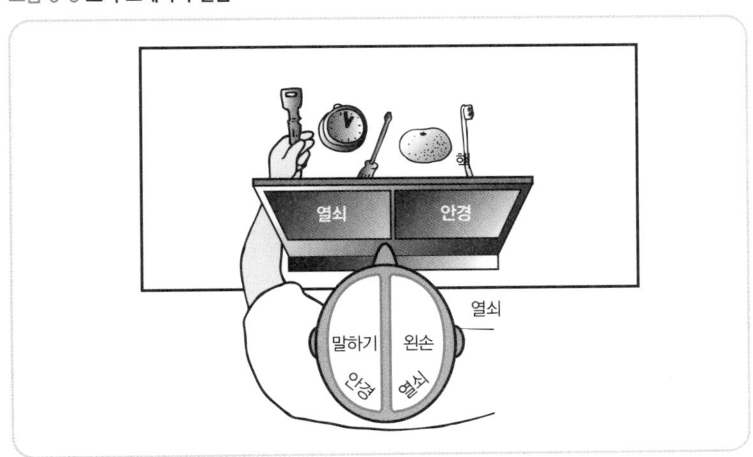

보여 주고 지금 손에 들고 있던 것을 고르게 하면 제대로 시계를 골랐다. 계속해서 선택한 물건의 이름을 답하라고 하면 우측 시야에 들어왔던 것과는 아무 상관없는 물체의 이름을 말했다.

이러한 스페리의 관찰을 바탕으로, 언어를 쓰는 활동에는 좌뇌가 필요하고, 우뇌는 언어에 의존하지 않는 인지와 관계한다는 견해가 생겨났다. 우뇌와 좌뇌의 연락이 끊어지면 뇌는 올바른 판단을 할 수 없게 되는 것이다.

스페리의 연구에 감명을 받은 벤저는 캘리포니아 공과대학의 스페리 연구실을 찾았다. 그곳에서는 원숭이, 생선, 고양이, 닭, 개구리와 같은 동물이 실험에 활용되었다. 하지만 그 어느 것도 벤저가 목표로 하는 유전자에 다가가기 위한 연구에 쓸 만한 것은 없었다.

과실파리 예찬론

하지만 벤저는 스페리의 연구실에서 한 블럭 떨어진 곳에서 "이거다!" 하고 무릎을 쳤다. 그곳은 에드워드 루이스(1995년 노벨상 수상, 그림 6-4)의 연구실이었다. 루이스는 노랑과실파리를 이용해 몸의 특정 구조가 배가되거나 누락되는 수많은 돌연변이체를 만들면서 형태를 결정하는 유전자를 찾아내려는 중이었다. 노랑과실파리의 우수성에 대해 벤저는 미국 의학잡지 총해설지에 이렇게 서술했다.

'모든 행동은 (유전과 환경) 양쪽의 산물이다. 유전 여부를 명확히 포착하기 위해서는 일정한 환경을 유지한 상태에서 유전자를 바꿀 필요가 있다. 인간 유전자를 상대로는 조금 무리한 일이다. 인간이라는 존재는 무엇보다 너무 비협조적이며 조작성이 떨어진다. 무엇보다도 유전학이란 결과를 얻기까지 몇 세대나 기다리지 않으면 안

그림 6-4 **에드워드 루이스와 그가 발견한 날개가 중복되는 돌연변이**

되니까 말이다. 때문에 행동 연구로 전향한 분자생물학자들은 더 다루기 쉬운 동물 모델을 찾을 수밖에 없다. 하지만 단순한 생물일수록 인간과 대비할 만한 행동 패턴이 없는 경향이 높아진다. 또 반대로 복잡한 생물을 사용하면 해석이 어렵다는 문제에 부딪친다. 그러던 중, 대장균, 짚신벌레, 조균류, 윤충류, 선충, 쥐를 대상으로 한 유전분석이 진행되고 있었다. 과실파리는 (단순한 것과 복잡한 것의) 딱 그 중간에 위치한다. 일단 그 크기를 봤을 때 대장균과 인간의 중간 정도이다. 행동 반응을 보인다는 의미에서 대장균의 뉴런이 한 개라면 인간의 뉴런은 약 1012개, 그리고 과실파리는 105개이므로 수치 상으로도 중간점이다. 마찬가지로 세대 시간을 보면 과실파리는 대장균의 약 1000배, 인간의 1000분의 1이다. (…) 이 모델 동물을 활용해 얻을 수 있는 (유전이나 발생에서 유전자의 역할에 대한) 견해는 거의 그대로 인간의 유전에 대입할 수 있다. (…) 이 보잘 것 없는 생물체를 절대 우습게 봐서는 안 된다.

벤저의 흉내를 내어 게놈의 크기를 비교해 보자면, 대장균이 4메가베이스(100만 염기대), 인간이 3000메가베이스, 과실파리는 165메가베이스이므로 수치 대비 과실파리는 또다시 중간이 된다. 이렇게 해서 벤저는 노랑과실파리를 실험 재료로 결정했고, 루이스로부터 실험용 파리를 일부 나눠 받았다.

단순한 행동에서 단서를 찾다

벤저는 행동 중에서 가장 원시적인 '주성走性'을 먼저 다루기로 했다. 주성이란 동물이 자극을 받아 일정 방향으로 이동하는 성질을 말한다.

여름밤 불빛 아래 벌레들이 모여드는 것처럼 많은 곤충들은 광원을 향해 난다. 이것을 '주광성'이라고 한다. 벤저는 노랑과실파리에

그림 6-5 **향류분배장치**

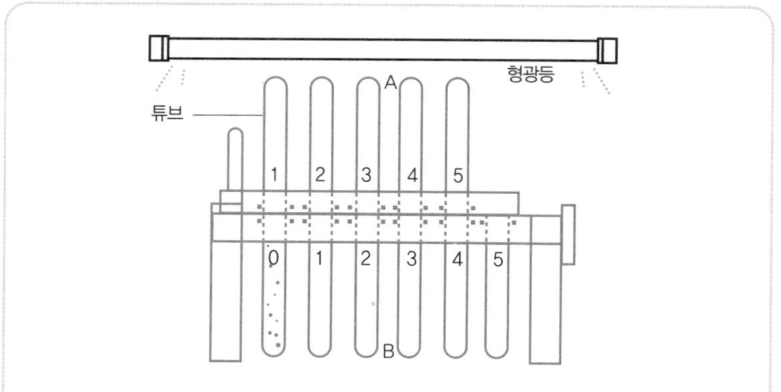

파리는 빛에 유인되어 하단에 그려진 실험관에서 상단에 그려진 실험관으로 들어간다. 예를 들어 시험관0부터 시험관1(A)로 들어간다. 일부러 시험관1(A)에 있는 파리를 시험관1(B)로 떨어뜨리고 또다시 같은 실험을 하면 파리는 시험관2(A)로 들어간다. 주광성이 이상한 파리는 B측에 남기 때문에 돌연변이체로 분리할 수 있다.

게 '독가스' 성분인 EMS를 먹여 그 자손에게서 주광성에 이상을 보이는 돌연변이체를 찾았다. 벤저는 과실파리가 밝은 곳과 어두운 곳 중에서 '양자택일'을 해야 하는 상황에 반복해서 노출되도록 시험관을 여러 개 조합한 장치를 제작했다. 이것을 활용한 행동 테스트를 '향류분배법向流分配法'이라고 하며, 언제나 꼭 밝은 쪽을 선택하는 개체부터 매번 반드시 어두운 쪽을 선택하는 개체까지 쉽게 구분할 수 있다(그림 6-5).

시각 돌연변이의 뿌리를 뽑다

이렇게 해서 주광성(밝은 쪽을 향해 가는 형질)이 없는 각종 돌연변이체를 분리했다. 당시 벤저 연구실의 홋타 아츠키는 주광성 노랑과실파리 돌연변이체의 겹눈에 전극을 꽂아 망막주변의 전위 변화를 세포 외 기록법으로 확인했다.

어두운 곳에 과실파리(의 머리)를 놓고 전등을 비추면 광자光子가 광수용세포의 세포막에 심어진 광수용체단백질인 '로돕신'(정확히는 이것에 붙어 있는 레티날이라는 지질)의 구조를 변화시키고, 결과적으로 광수용세포(감각뉴런)의 세포막 전위를 플러스 방향으로 이동(탈분극)시킨다.

감각수용세포가 자극을 받아 발생하는 이러한 종류의 점차적 세포막 전위변화는 '수용기전위' 또는 '기동전위'라 불린다. 수용기전위의 크기에 비례해서 중추를 향해 방출되는 전달물질의 양이 증감하고 빛의 정보가 뇌로 전달된다. 홋타가 기록한 세포 밖 전위는 이러한 수용기전위가 다수 겹쳐 이루어진 일종의 집합 전위이다. 광수용기의 집합 전위는 '망막전도ERG'라고 한다. 실제 ERG에는 광수용기의 수용기 전위뿐 아니라 그곳에서 나오는 전달물질에 의해 다음 뉴런(개재뉴런)으로 발생하는 시냅스 후전위가 집합한 것도 들어 있다.

ERG 기록을 통해 주광성을 띠지 않게 된 돌연변이체의 신경계 어느 부위에 이상이 있는지 어느 정도 추정할 수 있게 되었다. 또한 퍼듀 대학교의 빌 팩 팀은 돌연변이가 일어난 과실파리를 눈에 보이는 대로 ERG를 측정해 이상이 있는 개체들을 다수 모았다. ERG에 이상을 보인 돌연변이체를 이용해 어떤 유전자가 기능을 잃었는지 순서대로 조사가 진행되었다. 예를 들어 'NinaE'라는 이름의 돌연변이체에서 기능을 잃은 유전자의 염기배열을 해독함으로써 포유류보다 먼저 과실파리의 로돕신이 가진 아미노산 배열이 결정되었다.

이렇게 해서 ERG 발생에 필요한 일련의 단백질이 착착 밝혀졌다. 그 와중에 빛을 전기로 변환하는 광수용기의 분자 구조를 해명했지만 행동을 야기하는 신경 메커니즘의 이해로는 이어지지 않았다.

체내시계와 바이오리듬

그 후 벤저는 주성보다도 복잡한 행동 돌연변이를 얻고자 새로운 시도를 시작했고, 1971년 대학원생인 론 코놉카와 함께 24시간 주기 리듬Circadian rhythm이 변화한 돌연변이체 분리에 성공한다(그림 6-6).

24시간 주기 리듬이란 한마디로 체내시계가 움직여 약 24시간을 주기로 그리는 리듬이다. 야생형 과실파리는 완전히 빛이 차단된 곳에 놓여도 약 24시간 주기로 이동 운동 리듬을 유지한다.

이렇게 완전히 어두운 조건 속에서도 주기 리듬이 이어지는 것은

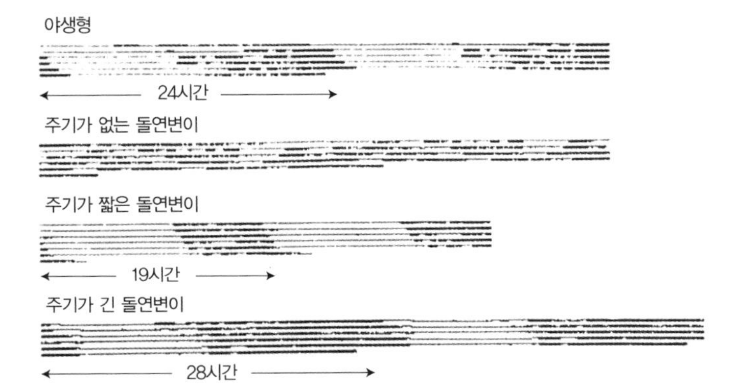

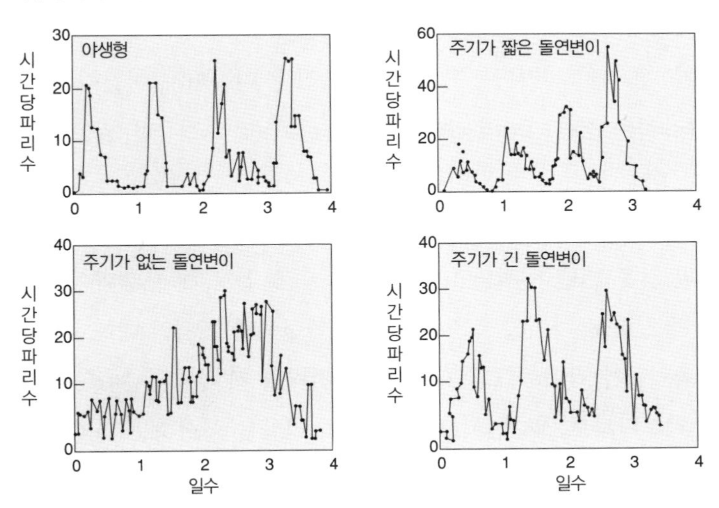

(a) 이동운동 기록. 파리가 움직이면 검게 표시되게 되어있다. 흰색 부분은 파리가 가만히 있는 기간이다. 야생형의 경우 약 24시간 주기로 활동이 반복된다.
(b) 부화 기록은 부화한 개체 수를 세로축으로, 연속하는 4일간의 시간을 가로축으로 표시했다. 코놉카와 벤저의 1971년 《전미과학아카데미》 68권에 게재된 논문을 근거로 했다.

그림 6-6 **완전히 깜깜한 상태에서 변화하는 돌연변이체의 이동운동 리듬(위)과 부화 리듬(아래)의 24시간 주기 기록**

그 리듬이 외부의 빛에 대한 직접적인 반응이 아니라 몸 속에 약 24시간을 주기로 하는 시계가 있다는 뜻이다.

바이오리듬을 잃은 돌연변이

벤저와 코놉카는 24시간 주기 리듬이 세 가지 양상으로 변화한 세 종류의 돌연변이체를 분리하는 데 성공했다. 이 세 가지 돌연변이를 지도로 그려 보니 세 가지 모두 X염색체의 같은 장소에 생긴 것을 알 수 있었다. 즉 어떤 한 개의 유전자에 세 가지 돌연변이가 각각 독립적으로 일어났고, 그 결과 24시간 주기 리듬이 빨라지거나 느려지거나 없어진 것이다.

그래서 24시간 주기 리듬 발생에 중요한 작용을 한다고 생각한 이 유전자 자리에 '피리어드'(period, per)라는 이름이 주어졌다. 리듬이 빨라지는 것을 'per^{s}', 길어지는 것을 'per^{l}', 리듬을 잃은 아릴allyl을 'per^{0}'이라고 명명했다.

1971년은 DNA 재배열 기술이 탄생하기 이전이다. per유전자가 복제된 것은 13년이 지난 1984년의 일이다. 같은 해 브랜다이스 대학교 제프 홀과 마이크 로스바슈 공동 연구팀과 록펠러 대학교의 마이크 영 팀이 각기 독립적으로 per유전자를 복제했다. 이후 이 두 팀이 막상막하로 겨루면서 24시간 주기 리듬을 형성하는 분자 수준의 원리가 급속히 밝혀지기 시작했다.

바이오리듬은 어떻게 만들어질까?

리듬 있는 진동 현상을 만드는 가장 손쉬운 방법으로는 자신이 생

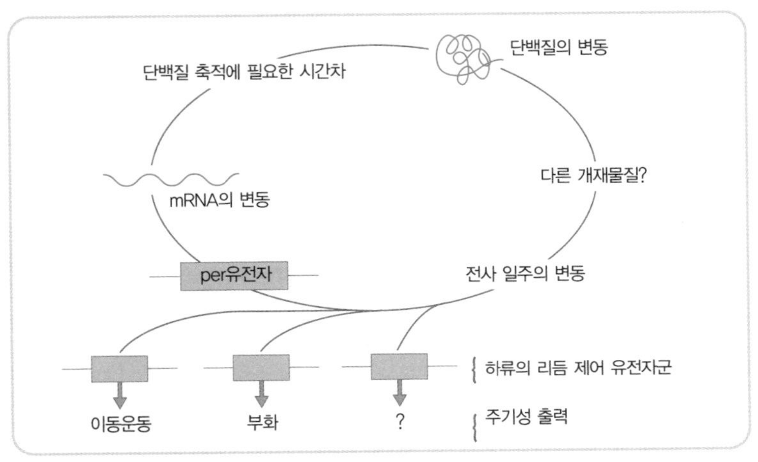

그림 6-7 **per유전자의 전사에 Per단백질이 부의 피드백을 넣어 24시간 주기 리듬을 만드는 모델**

성한 것으로 자신의 작용을 억제한다는 '부의 피드백negative feedback'이 잘 알려져 있다.

Per단백질은 per유전자가 전사되고 메신저 RNA가 단백질을 합성해 내면서 늘어난다. 그리고 어느 수준을 넘으면 per유전자가 메신저 RNA를 해독하는 일을 멈추도록 작용한다고 여기는 것이다. 그러면 메신저 RNA의 양이 줄고, 거기에서 만들어지는 Per단백질의 양도 차차 줄어든다. 머지않아 Per단백질은 거의 바닥나고 억제가 사라지며, per유전자에 따라 메신저 RNA가 다시 생성되기 시작한다. 그러면 다시 Per단백질은 per유전자 해독을 멈추게 할 정도로 쌓이게 된다. 이것을 반복하면 per유전자에서 해독할 수 있는 메신저 RNA의 양은 끊임없이 증감을 반복해 리듬을 만들게 된다.

per유전자가 읽어 내는 (전사) 과정에서 일어나는 부의 피드백이라는 견해는 per유전자 자체가 리듬 발생 장치라고 주장한다(그림 6-7).

서로 닮은 인간과 곤충의 체내시계

과실파리를 활용한 per유전자 연구의 성공은 척추동물의 체내시계 연구에도 큰 영향을 미쳤다. 1997년에 도쿄 대학교 의화학연구소의 데이 하지메 팀은 세계 최초로 인간과 쥐에서 per와 똑같은 유전자를 추출하는 데 성공했다.

과실파리는 게놈에 per가 한 개밖에 없지만 포유류에는 세 개가 존재한다. 이는 척추동물이 진화할 때 게놈의 배가를 두 번 경험해 유전자가 네 배로 늘어났기 때문이다. 따라서 인간이나 쥐 등 포유류의 per유전자는 Per1, Per2, Per3로 번호를 붙여 부르게 됐다.

포유류와 과실파리의 체내시계를 구성하는 공통 단백질은 per만이 아니다. 그 밖의 많은 '시계 부품'들을 양자가 공유하고 있었다. 과실파리의 per^{0} 돌연변이체에 인간의 정상적인 Per유전자를 넣으면 어느 정도 시계 바늘을 움직이게 하는 것도 가능하다.

이렇듯 생체시계의 분자적 원리는 척추동물과 곤충이 많이 닮아 있다. 이는 척추동물과 곤충의 공통 선조에서 체내시계의 원리가 이미 구비되어 있었으며, 진화라는 긴 시간을 넘어 보존되어 왔기 때문이라고 생각된다. 이렇게 해서 인간 체내시계의 소중한 부품인 Per1, Per2, Per3유전자가 연구의 본 무대로 등장하게 되었다.

아침형 인간을 만드는 유전자?

여기서 관심을 끄는 것은 인간의 Per유전자가 우리 생활에 어떤 영향을 미치는가라는 점이다. 인간의 24시간 주기는 자고 일어나는 수면 각성 리듬에서 가장 잘 나타난다. 아침형 인간과 저녁형 인간은 우리가 매일 경험하는 대로다.

그중에는 눈에 띄게 아침형인 가계도 있다. 즉 유전적인 아침형 인간이다. 예를 들어 잠자리에 드는 것이 오후 7시, 기상 시간이 오전 3시라는 생활 패턴을 가진 사람이 일가친척에 중에 많은 것이다.

이러한 아침형 가계를 '진행성 수면위상전진증후군' 이라고 한다. 과실파리의 per[s]에 해당하는 유전적 가계인 것이다. 핀란드의 수면위상전진증후군 가계를 대상으로 아침형 증상을 보이는 사람과 보이지 않는 사람으로 나눠 유전자를 비교하는 실험을 했다. 그 결과 이 가계는 Per2유전자 암호 중 한 개가 보통 사람과 다르며, 그 암호 변화가 이들을 아침형 인간으로 만들었던 것으로 밝혀졌다.

또, 일본인을 대상으로 한 다른 연구에서는 진행성 수면위상후퇴증후군인 사람들의 Per3유전자 암호에서 공통된 변화를 관찰할 수 있었다. 이렇듯 한 개의 유전자에 나타난 단 한 개의 암호 변화가 생활양식을 극단적으로 바꿔 놓는다는 것을 알 수 있다. 즉 '보통' 사람들에게 나타나는 생활 패턴의 차이도 아직 알려지지 않은 유전자의 다양성에 근거할 가능성이 충분하다.

암컷을 유혹하는 수컷 파리의 전략

과실파리의 per유전자가 24시간 주기의 리듬 성분에 필수적인 분자 부품을 만든다고 소개했는데, 실은 그 밖에도 이 유전자가 제어하는 주기가 있다.

수컷 과실파리는 '암컷을 유혹할' 때 날개로 소리를 내 '노래' 를 부른다(그림 6-8). 과실파리는 '쌍시목' 에 속하는데 많은 곤충들이 네 장의 날개를 가진 데 비해 파리, 모기 등은 날개가 두 장밖에 없다는 점에서 그 이름이 생겨났다(그림 6-4).

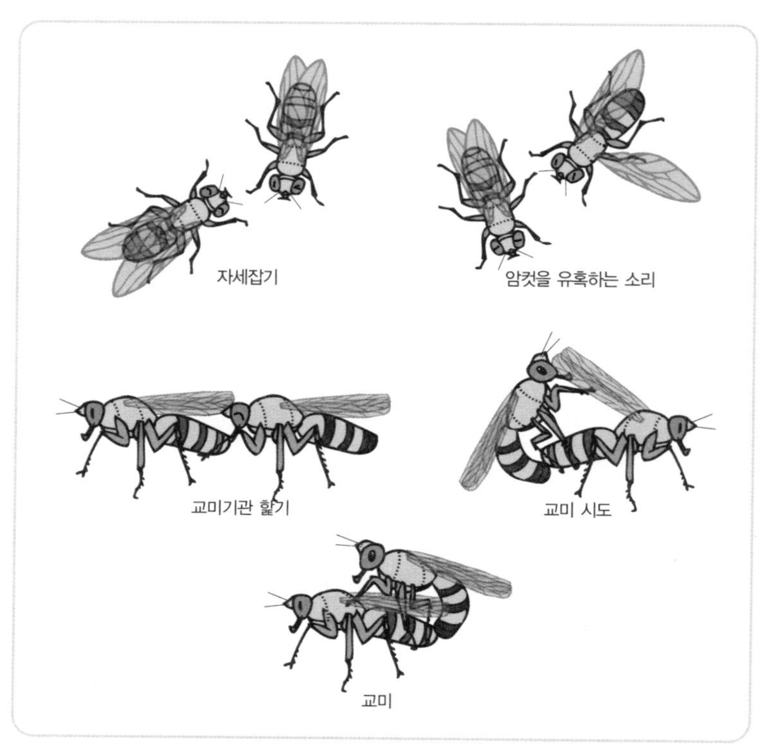

그림 6-8 **노랑과실파리의 정형적인 구애행동**

노랑과실파리 수컷은 암컷을 만나면 달려가 뒤를 쫓는다. 이어 앞다리로 암컷의 복부를 만지며 옆에서부터 암컷에게 다가가 좌우 한쪽 날개를 부들부들 떨어 날갯소리를 낸다. 수초 후, 암컷이 반대쪽으로 돌면 앞에서 했던 것과는 달리 반대쪽 날개로 소리를 낸다. 이 날갯소리를 듣다 보면 도망치던 암컷이 차차 멈추게 된다. 수컷은 이때 뒤쪽으로 가서 교미기관을 핥고 이어 암컷 위에 올라타 교미를 시도한다.

암컷이 수컷을 받아들이면 교미가 시작되고 약 20분 동안 수컷이 암컷 위에 올라간 상태로 교미가 계속된다. 이것은 전형적인 행동 패턴이며 항상 같은 순서로 반복된다. 그리고 수컷은 일체의 학습 없이 이 복잡한 행동을 완수한다.

암컷 파리를 흥분시키는 수컷의 노래

그렇다면 암컷을 유혹하는 소리를 소형 마이크로 증폭해 오실로스코프로 소리의 파형을 관찰해 보면 두 종류의 다른 음 성분으로 구성된 것을 알 수 있다.

그중 하나는 펄스(파장) 상태의 음으로 약 35밀리초 간격으로 파장이 반복된다. 이것을 '펄스 송'이라고 한다. 또 하나는 약 160헤르츠의 정현파장 음으로 '사인 송'이라고 한다(그림 6-9).

수컷은 사인 송과 펄스 송을 몇 번이나 반복하며 암컷에게 구애한

그림 6-9 **노랑과실파리가 암컷을 유혹할 때 내는 소리**

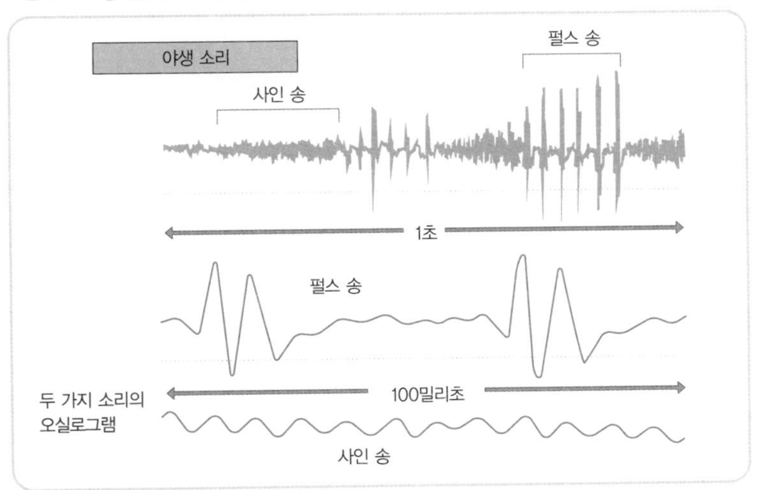

다. 이 두 개의 소리를 인공적으로 만들어 암컷에게 들려주는 실험을 한 것은 1976년 영국의 프로리안 욘 쉴르허였으며 사인 송에는 확실히 암컷을 부추기는(수용 태세를 갖추고 성적 수용성을 높이는) 작용이 있는 것을 확인했다.

한편, 1960년대에는 펄스 송의 음의 파장이나 간격, 구조 패턴 등이 종에 따라 다르다는 사실이 알려져 있었다. 모두 이러한 차이가 종의 '표식'이 아닐까 하는 상상을 했지만 입증하지는 못한 채 세월은 흘러갔다.

리듬, 암컷을 유혹하는 필수요소

1980년대에 미국 브랜다이스 대학교 제프 홀 연구실의 반보스 키리아코는 여태 모두가 놓쳤던 펄스 송의 미세한 특성을 포착했다.

노랑과실파리의 펄스 송이 가진 음의 파장 간격은 평균 약 35밀리초라고 설명해 왔지만 어떤 때는 28밀리초, 또 어떤 때는 40밀리초로 그 간격은 들쑥날쑥했다(그림 6-10).

다른 연구자들이 '우발적 불규칙성'이라고 여겼던 흐트러진 펄스 간격에 숨어 있는 규칙성을 키리아코와 홀은 꿰뚫어 봤다. 노랑과실파리의 펄스 간격은 평균치인 30밀리초를 중심으로 길어졌다 짧아졌다 하고, 그 진동 주기는 약 50초였다. 음 펄스의 간격을 'IPI'(인터펄스인터벌)이라고 하며 IPI 변동주기는 50초이다.

그들은 이어 노랑과실파리의 근연종인 '노랑초파리'를 대상으로 같은 측정과 분석을 시도했다. 그러자 이 종의 IPI는 평균 50밀리초, IPI 변동주기는 35초로 종에 따라 다르다는 것을 알아냈다.

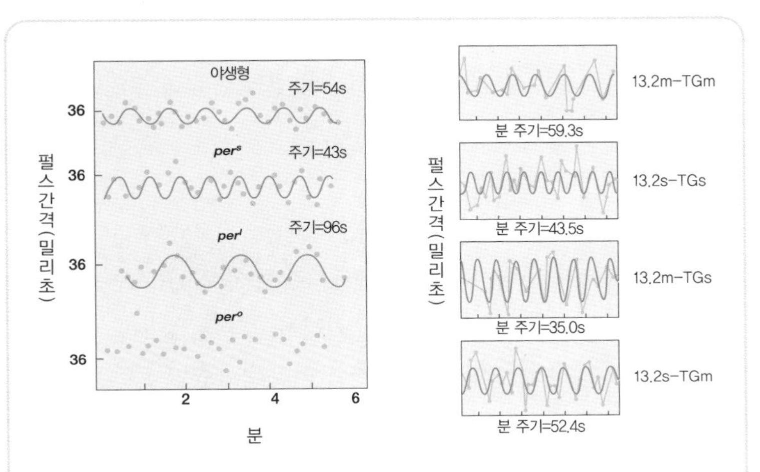

펄스 간격의 변동주기. 왼쪽은 per돌연변이체의 노래의 리듬 변화를 나타낸다. 오른쪽은 노랑과실파리(m)와 노랑초파리(s) 간의 키메라 유전자를 만들어 주기가 없는 파리에 그 유전자를 주입했을 때 파리가 노래하는 노래의 리듬을 기록한 것. 세로축은 펄스 하나하나의 간격을 실측한 값(○), 가로축은 기록 후의 경과 시간이다. 실선은 컴퓨터로 변동주기를 잘 표현하는 정현(사인) 커브를 그린 것이다. 13.2s-TGm이란 노랑초파리의 per유전자를 노랑과실파리의 GT 리피트 부분에 주입한 인공 유전자를 보유한 파리를 의미한다. 다른 그림들도 마찬가지이다. 키리아코와 홀이 1980년 《전미 과학아카데미》 77권에 게재한 논문과 위러 팀이 1991년 《사이언스》 25권에 게재한 논문을 근거로 함.

그림 6-10 **소리의 패턴을 정하는 per유전자**

아주 작은 리듬도 놓치지 않는 암컷

노랑과실파리와 노랑초파리는 서로 아주 흡사해 1990년대 초 과실파리 유전학이 발전한 당시 이 둘을 자주 혼동했다. 유전자 지도를 작성 중이던 스터티번트가 이 사실을 포착해 노랑초파리를 신종으로 기재했다는 이야기가 있다. 그리고 파리들 스스로도 헷갈리는지 야생에서 종종 잡종이 생기기도 한다.

자세한 행동 연구를 통해 암컷이 수컷이 부르는 펄스 송의 IPI 진동을 알아들으며, 동종 수컷의 노래를 들었을 때만 '교미할 마음이 생긴다'는 것을 알아냈다. 물론 겉보기나 냄새 등도 파리들이 종을 구별하는 데 큰 단서가 된다. 암컷은 말하자면 미묘한 장단에 따라 상대 수컷이 적절한 사랑의 상대인지를 확인하고 있는 것이다.

1인 2역, 리듬을 만드는 per유전자

노랑과실파리가 상대의 '소리' 패턴으로 종의 차이를 구분한다는 점은 앞서 소개한 귀뚜라미와 같다. 키리아코와 홀은 노랑과실파리와 노랑초파리가 교배 가능하다는 점을 이용해 IPI 변동주기라는 종 특이적 특성이 어떻게 유전되는지 실험했다. 그 결과, 이 특징을 형성하는 유전자 일부가 X염색체에 들어 있는 것을 확인했다. 이 점에서도 노랑과실파리는 귀뚜라미와 많이 닮았다. 그리고 문제가 된 그 한 개의 유전자가 24시간 주기 리듬을 만드는 per유전자라는 사실이 알려졌다.

행동을 바꾸는 키메라 유전자

과실파리의 Per단백질에는 그리신(G)과 트레오민(T)이라는 두 개의 아미노산이 몇 번, 몇십 번씩 반복되는 'GT 리피트'가 존재한다. 지금까지 조사된 바로는 과실파리의 경우 종에 상관없이 GT 도메인이 존재하지만 포유류의 Per단백질 속에서는 발견할 수 없었다.

그래서 제프 홀 팀은 노랑과실파리와 노랑초파리의 GT 리피트 부분(과 그 양쪽 끝에 접하는 영역)을 서로 맞바꾸는 실험을 했다. GT리피트만 노랑초파리의 배열이고, per유전자의 그 외 모든 부분은 노랑과실파리와 완전히 같은 인공 유전자를 만들어 노랑과실파리의 per^{0} 돌연변이체에 심어 봤다. 그러자 이 인공 유전자를 가진 수컷은 IPI 변동주기가 35밀리초, 즉 노랑초파리가 암컷을 유혹할 때 내는 소리와 동일했다.

반대로 GT 리피트만 노랑과실파리의 배열이고, per유전자의 그 밖의 모든 부분은 노랑초파리의 배열인 인공유전자를 per^0 돌연변이체에 심어 넣자 IPI 변동주기가 50초(노랑과실파리형)인 소리를 냈다.

행동이 변하면 진화의 역사가 달라진다

여기서 제프 홀 팀은 GT 리피트에 대응하는 DNA 속에 종에 따라 소리의 다름을 결정하는 부분이 있다는 가설을 세워 노랑과실파리와 노랑초파리의 Per단백질과 이 부분의 아미노산을 비교해 봤다.

GT 리피트와 그 주변에는 동종이라도 계통에 따라 꽤 많은 변화가 있기 때문에 두 종에서 여러 계통을 골라 아미노산 배열을 비교해 봤다. 그 결과, 두 종 사이에서 차이가 있었던 것은 GT 리피트의 바로 바깥 부분에 있는 네 개의 아미노산뿐이었다.

이로부터 나올 수 있는 결론은 종마다 다른 소리를 내는 것은 per유전자의 GT 리피트에 가까이 있는 네 개의 아미노산(중의 하나 또는 모두)의 변화 때문이라는 것이다. 과실파리가 암수 간에 서로 동종인지 이종인지를 식별할 때 수컷이 암컷의 사랑을 얻기 위해 내는 소리를 이용한다는 점을 고려하면 이 발견이 가진 의의는 크다.

아미노산이 단 몇 개(최대 네 개) 변하는 것만으로도 노래의 리듬이 변하고, 그 변화로 인해 교미를 하지 않게 된다면, 그것이 계기가 되어 종 분화가 일어날지도 모른다. 행동 변화에 따른 진화, 그것을 유전자 수준에서 잡아낸 발견이라 해도 과언이 아니다. 키리아코는 1990년 잡지 《행동유전학》에 쓴 총설에서 유전자 수준의 행동 원리를 밝혀내는 접근을 가리켜 '분자행동학'이라는 용어를 처음 사용했다.

제7장

인간 행동의 비밀을 밝히는 행동유전학

동성애 유전자를 발견하다

최근 몇 년 동안 성행동을 구성하는 유전자 연구는 획기적인 진전을 이뤘다. 그 중심에 있는 것이 '불임fruitless' 이라는 유전자다.

1963년 쿨비르 S. 길은 미국 동물학회 강연에서 수컷의 성행동을 극적으로 변화시킨 돌연변이 '플루티fruity' 를 보고했다. 플루티의 수컷은 암컷뿐 아니라 수컷에게도 구애하는 양성애 개체이며 심지어 암컷과 교미하지 않기 위해 불임이 된다는 내용이었다. 이 돌연변이체는 그 후 벤저 연구실에 보존되었고, 그곳에서 홀이 '재발견' 하게 된다. 홀은 변이체의 이름을 '플루트리스(불임)' 로 바꾸고 그 특징을 자세히 보고했다.

나와 연구진들은 노랑과실파리의 성행동을 일으키는 유전자를 해명해 내기 위해 1988년부터 성행동을 변화시키는 돌연변이체를 인위적으로 유발하는 실험을 시작했다. 얼마 지나지 않아 불가사의한 돌연변이 계통을 만들어 냈다. 겉보기에는 다른 개체들과 다를 바 없고 굉장히 기운이 넘치는데도 이 수컷은 암컷에 관심을 보이지 않았고 구애할 기미조차 보이지 않았다. 교미도 전혀 하지 않았기 때문에 완벽한 불임이었다. 나는 그만 이 돌연변이 계통의 수컷이 성욕을 잃

그림 7-1 **사토리 변이체의 수컷이 보이는 동성애 행동**

어버렸다고 여기고 '사토리'(깨달음)라고 명명했다. 그 후 연구를 통해 실은 이 사토리 변이체 수컷이 동성애자임을 알게 되었다. 사토리 수컷이 다른 수컷을 향해 여태 암컷에게는 거의 보이지 않았던 전형적인 구애 행동을 명확하게 보였기 때문이다(그림 7-1).

나는 곧바로 플루트리스를 떠올렸고, 사토리와 플루트리스의 관계를 조사한 결과, 이 둘은 같은 유전자의 다른 위치에 돌연변이가 일어났다는 것을 알 수 있었다. 먼저 플루트리스라고 명명되었기 때문에 그쪽에 선취권이 있다고 여겨 지금은 플루트리스로 부르고 있다.

동성애와 이성애를 결정하는 유전자?

우리 연구팀은 1996년에 플루트리스 유전자 복제에 성공했고, 이 유전자가 전사 인자로 작용하는 단백질을 만든다는 것과 성별을 정하는 구조 중 하나라고 보고했다. 3개월 후 홀, 부르스 베이커, 바바라 테일러 연합팀 역시 플루트리스 유전자 복제에 성공했다고 보고했다.

이 유전자는 수컷과 암컷이 각각 다른 메신저 RNA를 갖게 한다. 그중 수컷의 메신저 RNA만 단백질을 만들고, 암컷의 메신저 RNA는 아무것도 만들지 않는다. 우리는 본래 암컷에게 없는 플루트리스의 단백질을 인공적으로 생성시키면 암컷의 신경계가 수컷과 같은 특징을 띤다는 사실을 발견했다. 즉, 플루트리스 단백질을 가진 세포는 수컷의 특징을 발달시키며, 이 단백질이 없는 세포는 암컷의 특징을 발달시킨다고 생각했다. 플루트리스 유전자가 작용하는 뉴런은 뇌 속에 약 1000개 정도가 있어 그 암수 차이의 실체를 해명하기까지는 5년이 더 걸렸다.

그 당시까지 시각계통을 연구 중이던 오스트리아의 베리 딕슨 팀이 어느샌가 플루트리스 연구를 시작했고, 2005년에는 충격적인 논문을 발표한다. 그들은 염색체 상에 있는 플루트리스 유전자를 인공적으로 만든 유전자에 옮겨 심고, 수컷이든 암컷이든 항상 수컷형이나 암컷형 둘 중 하나의 메신저 RNA를 생성하도록 유전자를 개조한 파리를 만드는 데 성공했다. 유전자를 개조해 수컷과 동일한 위치에 플루트리스 단백질을 갖게 된 암컷 파리는 놀랍게도 다른 수컷들과 전혀 다를 바 없이 다른 암컷을 향해 구애 행동을 보였다. 이 실험을 통해 플루트리스 단백질이 뇌에 생기는 것만으로도 성행동 대상이 암컷에서 수컷으로 전환될 수 있다는 사실을 입증했다.

뇌는 냄새를 어떻게 구별할까?

하지만 딕슨 팀도 도대체 뇌의 어디가 어떻게 다르기 때문에 암수

하와이 열도에는 1000종에 달하는 과실파리가 서식하며 그 다수는 고유종이다. 일부는 노랑과실파리의 5배 정도 몸집이 크며 아름다운 무늬와 독특한 형태를 하고 있다. 그림에 나온 종은 수컷의 머리가 망치 모양이며 박치기로 영역다툼을 한다.

그림 7-2 **하와이산 과실파리**Drosophila heteroneura

가 다른 행동을 취하는지 아무것도 모르고 있었다. 플루트리스 단백질이 뇌에 있는지 여부에 따라 뇌에 어떤 차이가 생기는지 그 중요한 부분을 파악하지 못했다.

우리 연구 팀의 곤도 야스히로는 뇌의 성별차에 착안해 독특한 진화를 이룬 40종 이상의 하와이산 과실파리(그림 7-2)를 대상으로 냄새 정보의 중추인 '촉각엽'을 비교하는 연구를 진행 중이었다. 촉각엽은 인간의 '후각망울嗅球, olfactory bulb'에 해당하는 부위이다. 냄새 정보는 이곳에서 종류에 따라 각각 다른 구획으로 배달된다. 이 구획을 '사구체絲球體, glomeruli'라고 하며 사구체가 집합한 촉각엽이나 후각망울은 마치 산딸기 열매처럼 올록볼록한 모양을 하고 있다.

과실파리의 촉각엽에는 51개의 사구체가 있다. 그렇다고 과실파리가 51종류의 냄새를 인지한다는 뜻은 아니다. 한 개의 냄새 물질이 여러 개의 사구체에 흥분을 일으키거나 한 개의 사구체에 여러 냄새 물질의 정보가 집합하기도 하고 냄새 물질에 따라 억제가 일어나는 등 다양한 일이 일어나며, 그 조합에 따라 다른 지각을 불러일으킨다고 여겨진다. 따라서 과실파리에게 광대한 양의 '냄새'를 맡을 수 있는 감각이 있는 것도 당연한 일이다.

진화와 유전자 사이

곤도는 다른 계통수에 위치한 여러 종들의 촉각엽을 활용해 극단적인 성별 차이를 야기하는 사구체를 찾아냈다. 51개나 되는 사구체 중 촉각엽 바깥쪽 꼭대기에 있는 세 개만이 성별 차이를 나타냈다. 성별 차이를 보이는 종들일 경우, 이 세 개가 항상 암컷보다 수컷이 더 컸으며 극단적인 종의 경우에는 수컷의 사구체 체적은 암컷의 10배에 달했다(그림 7-3). 계통상 떨어져 있는 종들이라도 성별차가 나타나는 것은 항상 이 세 개의 사구체 중 하나(두 개가 전형적)이다. 이 점이 시사하는 바는 첫째로 진화 과정 중 이 종들의 성별차가 각각 독립적으로 발달했다는 것이고, 둘째로 성별차를 야기할 가능성이 있는 것은 이 세 개의 사구체뿐이라는 점이다.

이 세 개의 사구체는 어떤 특별한 일을 하는 걸까? 실은 바퀴벌레나 담배박각시나방의 경우 성 페로몬 전용의 '후각뉴런'이 발견되었는데, 이 뉴런의 축삭은 촉각엽 바깥쪽 꼭대기 근처에 위치한 수컷의 비대해진 사구체로만 이어져 있다. 바퀴벌레나 담배박각시나

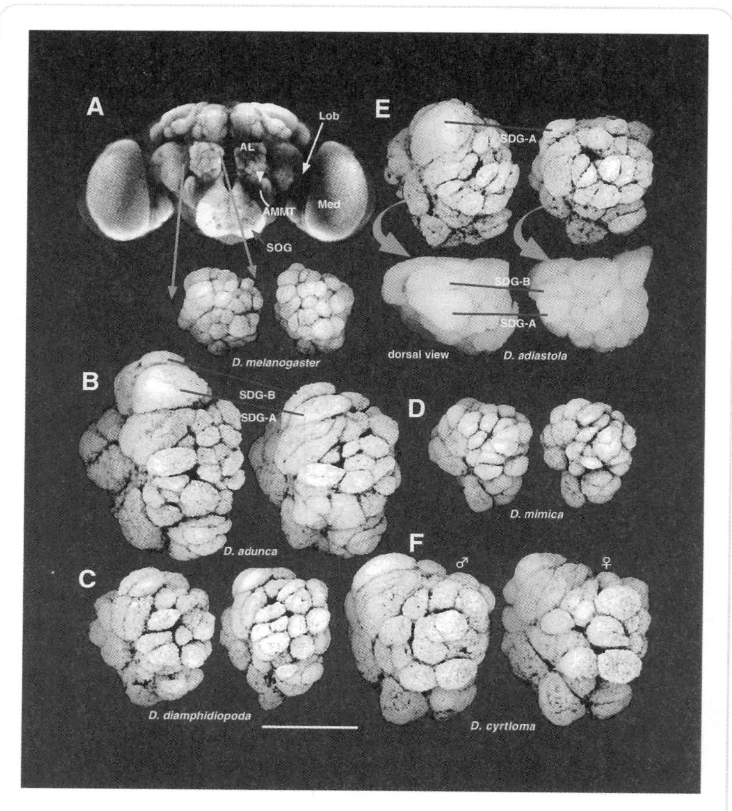

다양한 종들의 암수(각각 오른쪽과 왼쪽)를 비교해 보면 일부 종 수컷의 경우에만 꼭대기에 있는 사구체가 비대해져 있다. SDG라고 표시한 사구체를 눈여겨보면 일부 종 수컷들의 것이 암컷보다 눈에 띄게 큰 것을 알 수 있다(왼쪽이 수컷, 오른쪽이 암컷). 각 그림 하단에 종명이 표시되어 있다.

그림 7-3 **과실파리의 뇌 정면 사진(A)과 촉각엽을 확대한 그림**

방 수컷의 비대해진 사구체는 성 페로몬의 전용 처리 센터인 것이다. 곤도 팀은 우리가 발견한 과실파리의 성별차를 야기하는 사구체도 어쩌면 페로몬 전용일지 모른다고 논문에서 추론하고 있다.

노랑과실파리가 아니면 유전적 조작이 불가능한데, 다행이 노랑과실파리의 촉각엽 사구체에도 성별차가 있었다. 곤도는 홋카이도 교육대학의 기무라 켄이치의 도움을 받아 노랑과실파리의 촉각엽 사구체가 성별차를 야기하는 유전적 원리를 탐구했고 성 결정 유전자 중 하나 때문에 암컷의 사구체 크기가 작아진다는 것을 밝혀냈다.

이 연구는 뇌의 성별 차이가 종마다 다르게 진화한 양상을 처음으로 그려 낸 것인 동시에 그 진화에 관계한 유전자의 원리를 밝혀내는 첫 걸음이 되었다.

행동을 바꾸는 뇌, 뇌를 바꾸는 유전자

곤도의 연구를 이어받은 기무라는 우리 연구팀과 공동으로 플루트리스 유전자가 작용하는 약 1000개의 뇌 뉴런을 모두 식별한다는 도전에 발을 들여놓았고, 그 가운데 획기적인 발견을 하게 된다.

플루트리스 유전자가 작용하는 뉴런은 수 개에서 수십 개로 이루어진 덩어리를 형성한 채 뇌 속 여기저기에 흩어져 있다. 잘 조사해 보니 오직 수컷의 '시엽視葉', 즉 신경계가 길게 이어진 뇌 부위에만 존재하는 뉴런 덩어리를 찾을 수 있었다. 게다가 촉각엽 바로 위에 있는 뉴런 덩어리 안에 포함된 세포 수가 암수에서 명확한 차이를 보였다. 세포 하나하나를 단위로 뇌의 성별차가 발견된 것은 전례가 없는 일이었다(그림 7-4).

촉각엽 바로 위에 있는 뉴런 덩어리에 주목한 연구팀은 연구에 박차를 가했다. 수컷은 30개, 암컷은 다섯 개 세포가 이 뉴런 덩어리 속에 들어 있었다. 성별차는 그뿐만이 아니었다. 암컷이 가진 뉴런 축삭은 세포체 반대 방향으로만 늘어나 있었다. 반대로 수컷의 뉴런은 세포체와 같은 방향으로 뻗은 축삭이 많았다.

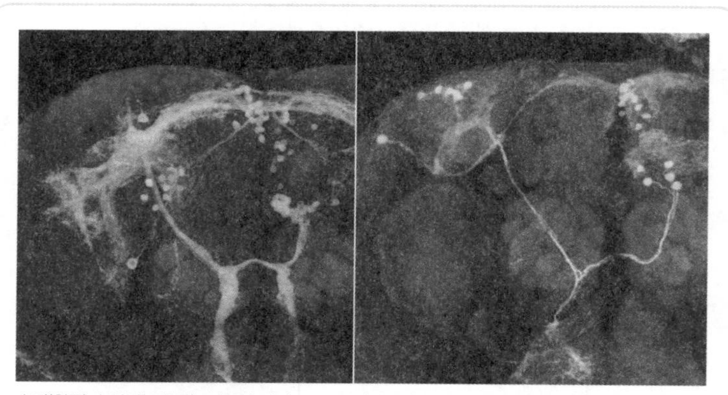
수컷(왼쪽)과 암컷(오른쪽). 기무라 팀이 2005년 《네이처》 438권에 게재한 논문에서 발췌.

그림 7-4 **노랑과실파리의 뇌에서 발견된 성적이형 뉴런**

더 나아가 다른 뉴런으로부터 정보를 받는 장소인 수상돌기의 가지가 갈라진 형태에도 명확한 차이가 있었다. 즉, 기원을 거슬러 올라가면 본래 같은 뉴런이지만 수컷인지 암컷인지에 따라 그 회로가 달라진다는 것이다. 그리고 플루트리스(사토리) 돌연변이체의 경우 수컷이더라도 이 세 가지 특징이 모두 완전히 암컷과 같은 형태로 변해 있었다. 즉, 플루트리스 유전자가 작용하지 않는다면 뇌 속 뉴런들이 수컷형에서 암컷형으로 완전히 바뀌어 이어지게 되고, 그 결과 구애하는 상대도 이성에서 동성으로 변하게 된다. 이렇듯 행동의 변화는 뇌 속 뉴런 네트워크의 차이에 따라 야기되며, 이 뇌의 네트워크 차이는 유전자 작용의 차이로 일어난다는 것이 밝혀졌다.

예정된 세포의 죽음

그렇다면 왜 이 뉴런들은 암수에 따라 달라지는 것일까? 먼저 수의 차이를 생각해 보자. 가능성은 두 가지다. 첫째는 수컷 신경아세포가 여분으로 분열해 더 많은 뉴런을 만들 가능성이고, 둘째는 암컷의 세포가 죽어 다섯 개까지 줄었을 가능성이다.

생물의 발생 과정 중에는 종종 세포가 죽는다. 예를 들어 우리 손가락은 태아의 어떤 시기까지 물새 갈퀴처럼 이어져 있다. 하지만 어느 단계까지 발생이 진행되면 손가락 사이의 세포가 죽어 제거되면서 각각의 손가락이 생긴다. 이러한 '예정된' 세포의 죽음을 '예정세포사'라고 한다. 예정세포사는 말하자면 사형 집행인인 유전자들이 실행한다. 과실파리의 경우 그림, 히드, 리퍼라는 세 개의 유전자가 그 역할을 한다.

따라서 그 사형 집행인 삼인방을 모두 제거하고 촉각엽 위의 뉴런 덩어리가 어떻게 되는지 관찰했다. 그러자 수컷에서는 아무런 변화도 일어나지 않았지만 암컷에서는 극적인 변화가 일어났다. 뉴런의 수가 늘어나 최대 29개까지 증가한 것이다. 즉, 암컷의 경우 촉각엽 바로 위 뉴런들에게 세포사가 일어나 25개가 제거되고 다섯 개만 남았다.

뇌 속의 암수 전환 스위치

왜 세포사는 암컷에게만 일어나고 수컷에게는 일어나지 않는 걸까. 그것은 수컷만이 가진 단백질인 플루트리스가 세포사를 방지하기 때문이라고 추측할 수 있다. 플루트리스 단백질이 없는 암컷은 예정된 대로 예정세포사가 일어나 뉴런이 다섯 개까지 줄어든다.

여기서 관심을 끄는 것은 예정세포사를 억제했을 때 여분으로 생기는 암컷의 뉴런이 어떤 모습을 하는가라는 점이다. 놀랍게도 '죽지 못해 살게 된' 이 뉴런들은 암컷의 뇌 속에 수컷형 회로를 만들었다. 암컷에는 없었을 세포체와 같은 방향으로 축삭이 생겼다.

즉 암컷의 경우, 그대로 두면 수컷형 신경회로를 만들 예정이었던 뉴런 25개를 선별해 죽음에 이르게 함으로써 암컷형 신경회로를 만든다. 수컷의 경우, 플루트리스 단백질의 작용 덕분에 세포사를 막고 수컷형 신경회로를 만든다. 실제로는 이것만으로 설명할 수 없는 현상이 몇 가지 있지만 대략 이렇게 생각하면 이해할 수 있다.

플루트리스 유전자는 뇌를 수컷형으로 할지 암컷형으로 할지를 결정하는 전환 스위치로 작용한다. 이 스위치가 제대로 작동하지 않으면 뇌의 일부가 암컷화되고 구애할 대상의 성별이 변해 동성애 행동이 나타난다고 해석할 수 있다. 이 연구는 2005년 《네이처》에 게재되어 성별 차이를 나타내는 뉴런의 사진이 표지를 장식했다.

행동의 사령탑 유전자

우리들이 촉각엽 사구체에서 찾아낸 성별차의 형성 과정에도 플루트리스 유전자가 관여하고 있다. 냄새를 느끼는 파리의 촉각에 있는 감각뉴런 일부에도 플루트리스 유전자가 작용한다. 이 감각뉴런의 축삭들은 모두 성별차를 나타내는 두 개의 사구체에만 이어져있다는 사실을 발견했다(그림 7-5). 그리고 2007년이 되어 딕슨 팀과 레슬리 보샬 팀은 각각 플루트리스 유전자가 작용한 뉴런이 성 페로몬인 '시스·박세닐아세테이트cis·Vaccenyl Acetate(cVA)' 라는 물질에만 반응한다고 보고했다(그림 7-6).

이렇게 곤도 팀의 추론은 실험적 뒷받침을 얻게 되었다. 플루트리스 유전자가 작용하는 뉴런은 감각계, 중추계, 운동계에 넓게 퍼져

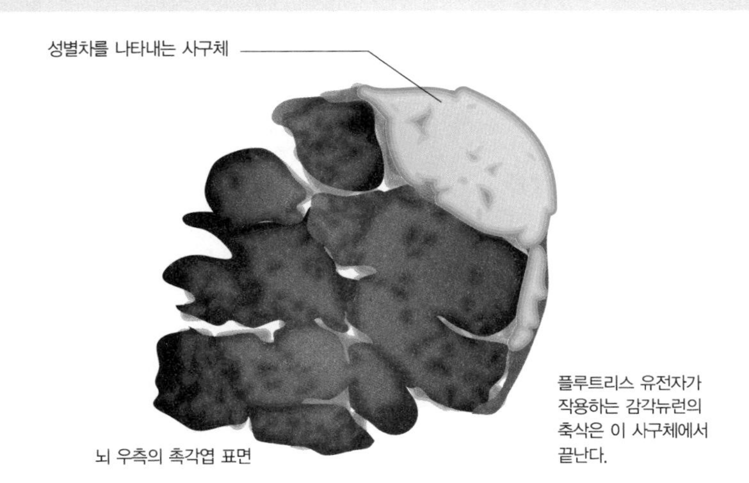

성적이형을 보여 주는 사구체로만 축삭이 연결되며 성 페로몬 정보를 전달하는 감각뉴런이 있다. 크루트비치 A.가 2007년 《네이처》 446권에 게재한 논문에서 발췌.

그림 7-5 **플루트리스 유전자의 작용으로 만들어진 촉각의 후각뉴런**

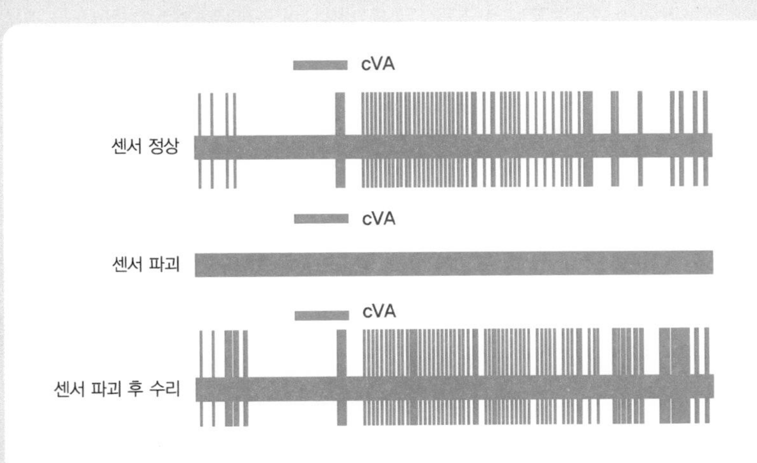

감각뉴런에 페로몬을 뿌리면 활동전위가 발생한다(위). 냄새 센서(수용체) 유전자를 파괴하면 반응이 사라진다(가운데). 정상 센서를 띤 유전자를 다시 넣으면 회복된다(아래). 크루트비치, A.가 2007년 《네이처》 446권에 게재한 논문에서 발췌.

그림 7-6 **플루트리스 유전자가 작용하는 감각뉴런의 페로몬 반응**

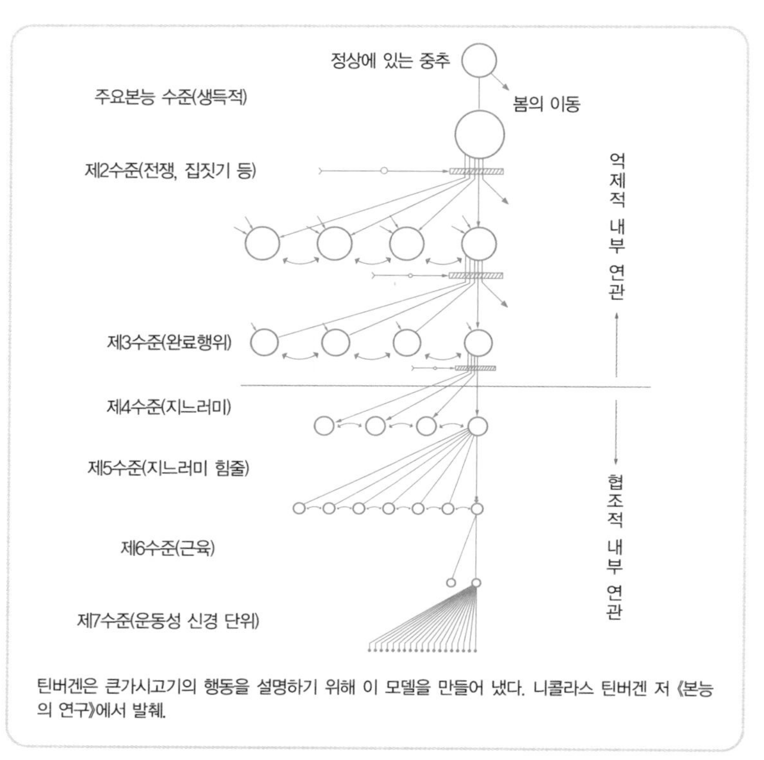

틴버겐은 큰가시고기의 행동을 설명하기 위해 이 모델을 만들어 냈다. 니콜라스 틴버겐 저 《본능의 연구》에서 발췌.

그림 7-7 **틴버겐이 그린 행동중추의 계층적 관계 모식도**

존재하며, 암컷의 플루트리스 유전자 한 개를 수컷형으로 만들면 완벽한 수컷형 행동을 취하게 할 수 있다는 점에서 플루트리스 유전자는 성행동을 실행하는 데 필요한 모든 뉴런을 제어한다는 가설마저 생기게 된다. 플루트리스가 행동의 '사령탑 유전자'라는 가설이다. 어떻게 보면 플루트리스라는 유전자로 인해 성행동 회로가 물들게 된다고도 표현할 수 있다.

사령탑 유전자란 생물의 발생을 지배하는 유전자 연구에서 생긴 개념이다. 예를 들어 '아이리스eyeless'라는 이름의 정상형 유전자를 인위적으로 다리나 날개의 원기(原基, 배胚의 세포군으로 형태적, 기능적 기관으로 성숙하기 이전의 단계)에 작용시키면, 그곳에 완전한 형태의 겹눈이 통째로 만들어진다. 이는 아이리스라는 사령탑 유전자가 직속 부하인 유전자들을 움직여 그 유전자들이 또다시 그 아래 부하들을 움직이게 하는 형식으로 겹눈을 만드는 모든 유전자 세트가 동원된 결과라고 여겨진다.

즉, 단계적으로 구성된 겹눈 형성을 위한 유전자 피라미드가 있으며, 그 정점에 아이리스가 있다는 것이다. 이와 마찬가지로 성행동을 위한 신경회로 형성에 있어서도 유전자 계층 구조가 존재하며 그 사령탑 유전자가 플루트리스라는 견해이다.

한때 틴버겐은 행동 제어 원리의 배경에는 개개의 중추에 계층적 피라미드가 존재한다고 가정했다(그림 7-7). 이것을 유전자 수준에 적용한 것이 행동의 사령탑 유전자 가설이다.

파리와 인간의 성행동

노랑과실파리의 성행동 연구는 인간의 성행동 이해에 어떤 자극을 줬을까? 과실파리 연구가 제시한 유전자와 뇌, 성행동의 관계를 인간에게도 적용할 수 있을까?

그럴 가능성은 아주 높다. 일단 인간의 성 지향성(여성을 좋아할지, 남성을 좋아할지)이 유전적으로 상당 부분 결정된다는 연구 결과가 다수 보고되어 있다. 이 점은 누구나 스스로를 생각해 봐도 납득이 갈 것이다. 여성과 남성 어느 쪽을 좋아하게 될지, 또는 양쪽 다인지는 어릴 때부터 흔들림 없이 이미 정해져 있었다고 직관적으로 받아들일 수 있다. 하지만 인간의 경우 그것을 결정하는 것이 어떤 염색체의 어느 유전자인가 하는 점에 대해서는 아직 확실한 견해가 나오지 않았다.

동성애자와 이성애자의 뇌

한편, 뇌와 인간의 성 지향성의 관계는 서서히 명확해지고 있다. 이 문제에 처음 접근한 것은 네덜란드 뇌연구소의 딕 스와브였다. 그는 사망한 인간의 뇌 조직 절편을 작성해 남성 동성애자와 이성애자 사이에 구조적 차이가 있는지 조사했다. 그 결과 시상하부의 '시교차상핵視交叉上核'이라는 신경세포 덩어리에서 성 지향성의 차이를 발견했다. 이 신경핵에는 '바소프레신Vasopressin'이라는 신경 호르몬을 함유한 세포와 VIP라는 다른 신경 호르몬을 포함한 세포가 모여 있는데, 그중 바소프레신을 가진 세포의 수가 동성애자의 경우 이성애자의 두 배 이상이었다. 시교차상핵에 인간의 체내시계가 위치한다는 것은 이미 알려져 있다. 그것과 성 지향성이 어떤 관계가 있는지는 아직까지 수수께끼로 남아있다.

이어 시몬 르베이(그림 7-8)는 같은 시상하부의 간질 제3핵의 크기가 동성애자와 이성애자에 따라 다르다고 보고했다. 르베이는 이전에 휴벨, 위즐과 함께 시각야 연구를 했던 인물이다. 그 자신이 동성애자였던 그는 그 원인을 뇌 속에서 찾고자 이 신경핵에 다다르게 되었다. 르베이에 따르면 남성의 간질 제3핵은 여성의 것보다 2.5배 크다. 하지만 동성애자 남성이 가진 이 핵의 크기는 여성과 같은 정도라고 한다. 쥐의 뇌 중에서도 인간의 간질 제3핵에 해당하는 부위는 성별차가 가장 눈에 띄는 부위이다. 그야말로 '성적 이형핵'이라고 불리며 출생 전후에 남성호르몬인 테스토스테론에 대한 노출 여

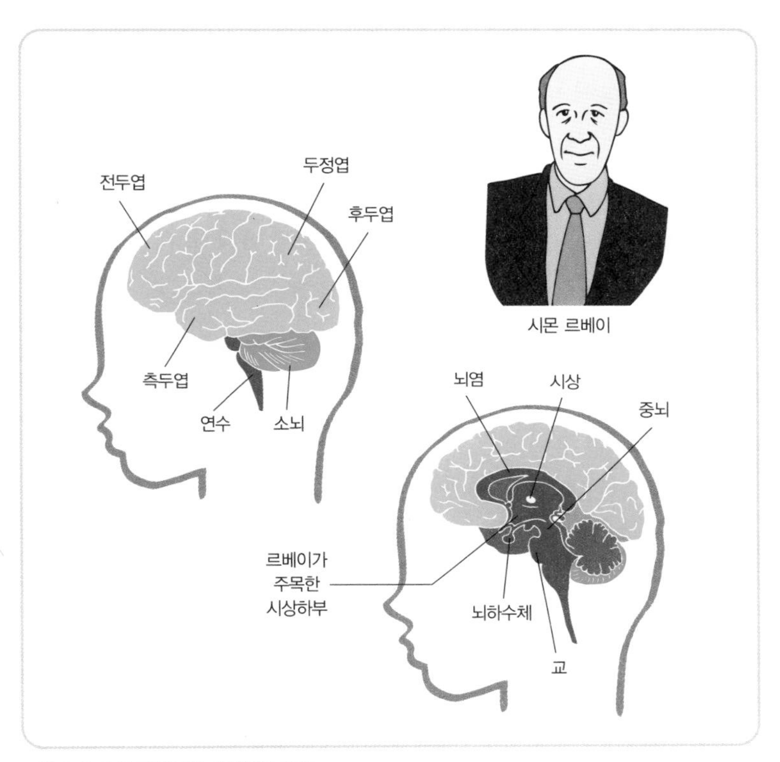

그림 7-8 **시몬 르베이의 시상하부 연구**

부에 따라 이후 신경핵이 커질지 작아질지 결정된다.

이 시기에 테스토스테론에 노출되면 그 후의 예정세포사로부터 벗어나 큰 구조로 발달한다고 여겨지고 있다. 쥐의 성적 이형핵은 성행동과 관계가 있다고 하지만, 이를 파괴해도 수컷의 성행동이 불가능한 것은 아니며 그 기능은 아직도 명확하지 않다. 인간의 간질 제3핵에 대해서는 전혀 알려진 바가 없다.

뇌와 성행동의 상관관계

스와브 팀은 더 나아가 성전환증(성 동일성 장애로 인해 수술로 육체의 성을 전환할 정도로 증상이 심한 경우)인 사람들 특유의 뇌 구조 변화도 발견했다. 그에 의하면 시상하부와 깊은 관련이 있는 '분계조상핵分界條床核'에서 정상인과 성전환증자의 차이가 나타났다(그림 7-9).

남성의 분계조상핵은 여성보다 2.5배 크다. 하지만 남성에서 여성으로 성 전환한 사람의 경우, 이 핵이 여성과 동일한 정도로 작았다고 한다. 남성을 좋아하게 될지 여성을 좋아하게 될지라는 성 지향성이나, 스스로를 여성으로 여길지 남성으로 여길지라는 성 인식에 대응하는 뇌의 구조 변화가 인간에게서도 발견된 것이다.

단 인간의 경우, 지금까지도 뇌의 구조 변화가 성행동 차이의 원

그림 7-9 **성 지향성이나 성 동일성에 의해 변화를 보이는 인간의 신경핵**

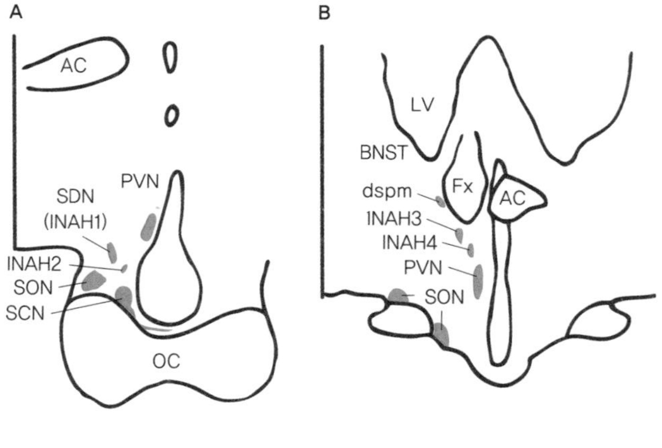

시상하부의 가로 단편(전액단前額斷) 위에 성 지향성, 성 동일성에 해당하는 변화를 보이는 부분을 그림으로 보여 준다. 시교차상핵SCN, 간질 제3핵INAH3, 분계조상핵BNST이 주목 받고 있다. III은 뇌 중심에 있는 공동인 제3뇌실, OC는 시교차이다. A와 B는 절단 위치가 다르다.

인인지 결과인지 확실히 할 수 있는 방안이 없다. 이것 역시 동물 실험으로 그 원리를 연구해 나가는 방법밖에 길이 없다.

그렇다 하더라도 과실파리 연구를 통해 얻은 견해와 비교해 보면 시사하는 바가 많은 유사성이 두드러진다. 예를 들어 신경핵 크기(구성하는 세포 수)에는 성별차가 있으며, 그 크기(세포 수)가 수컷형에서 암컷형으로 변하면 성 지향성이 이성애에서 동성애로 바뀌는 점은 인간과 과실파리 모두에 해당하는 공통사항이다. 게다가 예정세포사에 의해 신경핵 크기나 세포 수의 성별차가 나타난다는 점도 같다.

인간 행동의 비밀을 밝히는 행동유전학

과실파리와 인간이 아주 닮은 분자를 사용해 같은 원리로 행동을 제어한다는 구도는 체내시계의 원리 연구에서 이미 밝혀진 바 있다. 많은 행동 제어 기구들도 진화라는 측면에서 이와 같은 양상으로 보존되고 있다는 추측은 오히려 자연스러운 것이 아닐까?

복잡 미묘하고 예측 불가능해 보이는 우리 인류의 행동도 40억 년이라는 진화 속에서 축적된 생물 원리를 가지고 틀림없이 이해할 수 있을 것이다. 앞으로 10년간 이러한 인류의 행동을 뇌와 유전자의 논리로 해명하는 것이 생물학 연구의 중심 테마가 될 것이다. 많은 젊은이들이 이 흥미진진한 연구에 앞장서 줄 것을 기대하고 있다.

참고문헌

《행동신경생물학》 군터 K. H. 주팽 지음(옥스포드 대학출판부, 2004년)
《신경생물학》 고든 M. 세퍼드 지음, 야마모토 다이스케 옮김(학회출판센터, 1990년)
《기초유전학》 다나카 요시마로 지음(쇼카보, 1951년)
《생물전기》 이와세 요시히코, 다마에 미쓰오, 후루카와 타로 편저(난코도, 1970년)
《신경전달물질》 다카가키 겐키치로, 나가쓰 도시하루 편저(고단샤, 1981년)
《신경행동학》 에버트 J. P. 지음, 오바라 요시아키, 야마모토 다이스케 옮김(바이후칸, 1982년)
《신경흥분의 현상과 실체》 마쓰모토 겐 지음(마루젠, 1981년)
《생체의 전기현상》 우치조노 코지 지음(코로나 사, 1967년)
《뇌를 연구하다》 다치바나 타카시 지음(아사히신문사, 1996년)
《본능의 연구》 틴버겐 N. 지음(산쿄출판사, 1975년)
《백억 년의 여행》 다치바나 타카시 지음(아사히신문사, 1998년)
《유전·DNA학 입문》 존스 S. 반, 룬 B. 지음, 야마모토 다이스케 옮김(고단샤, 2003년)
《도해잡학 기억력》 야마모토 다이스케 지음(나쓰메 사, 2003년)
《본능의 분자유전학》 야마모토 다이스케 지음(요도샤, 1994년)
《또 하나의 뇌》 야마구치 쓰네오, 도미나가 요시야, 구와사와 키요아키 편저 (바이후칸, 2005년)
《기억의 메커니즘》 다카기 사다유키 지음(이와나미 서점, 1976년)
《전달물질과 수용물질》 오오쓰카 마사노리, 다케우치 아키라 편저 (산업도서, 1976년)
《마음을 이만큼 알게 됐다》 오오키 코스케 지음(고분샤, 1994년)
《행동을 조종하는 유전자들》 야마모토 다이스케 지음(이와나미 서점, 1997년)
《프리온병의 수수께끼에 다가서다》 야마노우치 카즈야 지음(일본방송협회, 2002년)
《인간 게놈과 당신》 야나기사와 케이코 지음(슈에이샤, 2001년)
《분자로 본 뇌》 가와이 노부후미 지음(고단샤, 1994년)

《호메오박스 이야기》 게링 W. J. 지음, 아사시마 마코토 옮김(도쿄 대학출판회, 2002년)
《현대기초심리학(12) 행동의 생물학적 기초》 히라노 토시쓰구 편저(도쿄 대학출판회, 1981년)
《실험실의 작은 생물들》 요도샤《실험의학》 편집부 편저 (요도샤, 1999년)
《신경행동학》 에버트 J. P. 지음, 오바라 요시아키, 야마모토 다이스케 옮김(바이후칸, 1982년)
《진화대전》 짐머 C. 지음, 와타나베 마사타카 옮김(고분샤, 2004년)
《마음의 병과 분자생물학》 바론데스 S. H. 지음, 이시우라 쇼이치, 마루야마 케이 옮김(일본경제신문사, 1994년)
《유전자 DNA》 NHK 인체 프로젝트 (일본방송협회, 1999년)
《세포의 분자생물학》 알버트 B. 외 지음, 나카무라 케이코, 마쓰바라 켄이치 옮김(뉴튼프레스, 2004년)
《유전자의 분자생물학》 왓슨 J. 외 지음, 나카무라 케이코, 마쓰바라 켄이치, 미우라 긴이치로 옮김(돗판, 1996년)
《유전자의 정체를 찾아서》 와타나베 마사타카 지음(아사히신문사, 1996년)
《동물의 언어》 틴버겐 N. 지음, 와타나베 타니자키, 히다카 토시타카, 우노 히로유키 옮김(미스즈서방, 1955년)

찾아보기

이지윤

한국에서 태어나 일본에서 자라고 미국에서 공부했다. 현재는 한국에서 과학 문화 관련 기관에 근무하며 전문 번역가로 활동 중이다. 옮긴 책으로는 《불면증과의 동침》, 《노벨상 수상자가 들려주는 미생물 이야기》 등이 있다.

행동과 습관을 지배하는 유전자의 비밀

행동은 어디까지 유전될까?

초판 1쇄 발행 | 2011년 11월 14일

지 은 이 야마모토 다이스케
옮 긴 이 이지윤
책임편집 정일웅, 고선향
디 자 인 전지은

펴 낸 곳 바다출판사
발 행 인 김인호
주 소 서울시 마포구 서교동 398-1 창평빌딩 3층
전 화 322-3885(편집), 322-3575(마케팅부)
팩 스 322-3858
E-mail badabooks@gmail.com
홈페이지 www.badabooks.co.kr
출판등록일 1996년 5월 8일
등록번호 제 10-1288호

ISBN 978-89-5561-619-4 03400